现代服务业系列实验教材

Java 与面向对象程序设计实验教程

雷 擎 主编

对外经济贸易大学出版社
中国·北京

图书在版编目（CIP）数据

Java 与面向对象程序设计实验教程／雷擎主编．——北京：对外经济贸易大学出版社，2012
　现代服务业系列实验教材
　ISBN 978-7-5663-0313-4

Ⅰ.①J… Ⅱ.①雷… Ⅲ.①JAVA 语言－程序设计－教材 Ⅳ.①TP312

中国版本图书馆 CIP 数据核字（2012）第 074631 号

ⓒ　2012 年　对外经济贸易大学出版社出版发行

版权所有　翻印必究

Java 与面向对象程序设计实验教程

雷　擎　主编

责任编辑：赵　昕

对外经济贸易大学出版社
北京市朝阳区惠新东街 10 号　　邮政编码：100029
邮购电话：010 - 64492338　　发行部电话：010 - 64492342
网址：http://www.uibep.com　　E-mail：uibep@126.com

北京市山华苑印刷有限责任公司印装　　新华书店北京发行所发行
成品尺寸：185mm×230mm　　17.5 印张　　347 千字
2012 年 7 月北京第 1 版　　2012 年 7 月第 1 次印刷

ISBN 978-7-5663-0313-4
印数：0 001 - 3 000 册　　定价：32.00 元

本套教材出版受到以下项目资助：

北京市级现代服务业人才培养实验教学示范中心

北京市级商务信息管理系列课程优秀教学团队

国家级和北京市级电子商务特色专业

现代服务业系列实验教材
编委会成员名单

编委会主任： 陈 进　　对外经济贸易大学

编委会副主任：（按姓氏笔画排序）
王学东　　　　华中师范大学
刘 军　　　　北京交通大学
祁 明　　　　华南理工大学
孙宝文　　　　中央财经大学
汤兵勇　　　　东华大学
张 宁　　　　北京大学
宋远方　　　　中国人民大学
李 琪　　　　西安交通大学
杨 鹏　　　　华道数据处理有限公司
张念录　　　　中国国际电子商务中心
陈德人　　　　浙江大学
柴洪峰　　　　中国银联股份有限公司
覃 正　　　　上海财经大学

编委会委员：（按姓氏笔画排序）
刘瑞林　　　　对外经济贸易大学
沈 沉　　　　对外经济贸易大学
赵星秋　　　　对外经济贸易大学
黄健青　　　　对外经济贸易大学
曹淑艳　　　　对外经济贸易大学

总　　序

　　现代服务业是依托于信息技术和现代管理理念而发展起来的知识和技术相对密集的服务业，具有应用信息技术和富于创新发展的主要特点。

　　现代服务业的发达程度是衡量经济、社会现代化水平的重要标志，是全面建设小康社会时期国民经济持续发展的主要增长点。发展现代服务业是实施国民经济可持续发展战略的需要和实现跨越发展的有效途径，也是调整我国经济结构、促进经济社会和人的全面发展、走向知识社会的必要条件。

　　近年来，我国十分重视现代服务业的发展，国家规划纲要明确指出坚持市场化、产业化、社会化方向，拓宽领域、扩大规模、优化结构、增强功能、规范市场，提高服务业的比重和水平。

　　现代服务业的快速发展对现人才培养提出了新的要求，需要大量既具有比较扎实的基础理论与知识水平，又具有比较强的动手能力与操作能力，能适应现代化服务业发展需要的素质高、技能强的服务业创新人才。

　　对外经济贸易大学现代服务业实验教学示范中心是北京市批准的教育教学质量建设项目，目前已经形成了实验教学的完整体系，开设了电子金融、电子商务、网络营销、ERP 与供应链管理、经营管理中的决策方法、网络实用技术与应用、外贸实训等多门实验课程和实验项目；建立了完整的实验教学资料库；并建立了包括基础实验、核心实验和特色实验的实践教学课程体系；构建了实验课程、科研项目与专业实习有机结合的实践方案和管理系统。

　　现代服务业系列实验教材是对外经济贸易大学在教育部和北京市质量工程建设过程中，经过总结、提炼、完善，形成的一套针对现代服务业人才培养的实验教材。教材主要目的是培养学生综合素质和实践能力，教材的编者都是具有丰富实验教学经验的教师，凝聚了教师们的心血和汗水。本系列教材面向现代服务业的管理和应用人才，以实践能力和技术应用能力为培养目标。

　　我们希望现代服务业系列实验教材在人才培养实验教学改革和教学实践过程中起到积极作用。

　　本套教材在编写的过程中广泛吸纳了众多师生的宝贵意见，同时也得到了对外经济贸易大学出版社的领导和编辑们的大力支持，对他们表示衷心的感谢。

《现代服务业系列实验教材》编委会
2012 年 3 月

前　言

1. 书的编写背景

Java 语言，1995 年诞生于 Sun 公司。简单、面向对象、自动的内存管理、分布计算、稳定、安全、解释执行、结构中立、平滑移植、多线程及异常处理等多方面的优点，使得 Java 语言从跨平台和动态页面显示的最初应用，逐步扩展到的 Corba、Web 服务器后端处理、应用整合和移动服务等 IT 产业的更多应用领域。Java 本身也从一门编程语言发展成为一门技术，包括软件设计模式、软件开发思想、软件体系架构、软件应用框架和软件支撑平台等。从某些意义上，Java 语言的产生对编程语言、软件工程和软件的发展产生了深远的影响。到目前为止，国内外大学中与 IT 相关的专业，大多数都把 Java 语言相关的课程设置为专业基础课或专业必修课。

在笔者多年 Java 语言的授课过程中发现，在许多教材中，为了说明一个知识点提供的程序示例代码通常比较长而且复杂，常常影响到学生理解基本概念、基本思想和语法基础，而小程序的实践编程可以充分激发他们的兴趣和想象，帮助学生更加容易地学习 Java 语言。

本书是一本实践性非常强的 Java 语言实验教程，是笔者对实际教学过程中的教学经验、示例程序以及学生练习实验的总结，紧扣 Java 语言的基础教学，注重基本概念和基础知识，可以说是一个 Java 短小程序的集锦，非常有针对性。本书可以作为 Java 语言授课教材的配套实验教材来使用，内容章节的组织与大多数 Java 教材相符；本书也可以作为实验教材独立使用，或作为 Java 初学者自学的辅助教材使用。

2. 本书的特色

本书覆盖内容全面，深入浅出，实验设计与基本概念和基本知识结合紧密，实验要求明确，实验步骤详细清晰，内容具有很强的实践性和针对性。本书具有以下特色。

（1）遵循教学的特点和规律。在内容安排上将紧扣 Java 语言教学进行设计，充分考虑老师的教学需求和学生的学习需要，每个实验都提供实验目的、课时要求、实验内容和实验要求的详细描述，为教师授课和学生自学提供参考。

（2）紧扣 Java 语言的基础教学，注重基本概念和基础知识。每个教学知识点对应一个实验步骤，具有一个或几个简单的示例代码，帮助学生完成实验要求。学生每独立完成一个步骤，就能够完成一个教学知识点的学习，初步理解和掌握相关的概念或语法。每一章的实验都由易到难，循序渐进。

（3）实验设计时知识点划分明确，指导细致：每一章的实验部分包括多个实验，每个基本的知识点设计一个实验；每个实验包括多个步骤，分别针对基本知识点下相关的基本概念、基本语法或基本应用；每个步骤下包括多个操作指导，每个操作指导具体提示学生应该掌握的基本概念、基本技能和基本语法。

（4）详细的代码注释：在每个示例代码中，凡是新出现或难的知识点，均提供与所要掌握的知识对应的注释，帮助学生理解示例代码。

（5）实验环境和平台跟踪 Java 技术新发展：本书所使用的示例代码都基于 JDK 1.6 和 Eclipse 3.7.1 简体中文版环境编写，全部测试通过。

（6）实验平台使用开源集成开发工具：实验中基于的 Eclipse 平台是开源的绿色平台，操作步骤和代码示例的讲解都结合 Eclipse 开发工具，学生也不会受到软件版权等限制。

（7）知识点的讲解简明扼要：每一章在第一部分知识要点中，只提供关键知识点的简要描述，方便学生实践学习时的容易查找、参考。

（8）实验设计灵活：每个实验都是独立的示例代码，相互之间没有过多的关联，教师在指导中可以选择部分实验，也可以改变介绍的顺序，以适应学生和课程目标。

3. 本书主要内容

第 1 章"Java 概述"和第 2 章"Java 语言基础"着重指导学生进行 Java SDK 的安装，使用 JDK 提供的命令进行最基本的 Java 应用程序创建、编译和运行，配制环境变量，进行 Eclipse 的安装和使用等基本技能实践；着重指导学生练习使用 Java 语言的基础语法，进行基本数据类型的使用和类型的转换，以及注释的使用和生成 JavaDoc 等实践。这两章共 10 个实验，需编写 20 多个短小程序。

第 3 章"类和对象"及第 4 章"继承与多态"两章是本书的重点，也是篇幅最长的两章。这两章的目的是使学生理解面向对象程序设计的概念，理解继承和抽象的概念，理解现实问题与 Java 类的描述相互之间的关系，掌握使用类描述事物属性和功能的方法，掌握 Java 类的定义、初始化、访问控制语法，掌握对象的创建和使用语法，掌握子类的定义方法，理解子类对父类成员的继承、覆盖和隐藏，掌握子类构造方法的定义语法和父类构造方法的调用方法，理解继承中构造方法链等知识。这两章共 19 个实验，近 60 个细分知识点，近 100 段代码，帮助学生掌握 Java 语言最基础的思想和概念。

第 5~8 章分别着重指导学生进行了 Java 异常机制处理、数组与集合的使用、多线程的使用和输入输出流的使用。这四章共 17 个实验，近 40 个细分知识点，需编写 40 多个短小程序。

第 9 章"用户图形界面"的目标主要是通过本章的实验，使学生了解 JavaGUI 的技术，理解 Applet、布局管理、事务处理的概念，掌握利用 AWT 工具包和 Swing 工具实现 Java 图形界面的语法，掌握实现 Applet、布局管理、事务处理的语法。本章共提供了 6 个实验，通过这些实验的练习，学生能够掌握定义 Applet 和 Application 类型的 GUI 图形界面的基本方法和语法，理解 Applet 的生命周期，理解布局管理的概念，掌握设置 BorderLayout、FlowerLayout 和 GridLayout 布局管理的语法，理解事件和事件处理机制，掌握实现单个事件处理、多个事件处理的方法，掌握实用事件处理的三种方法：实现监听器接口、定义内部类和定义匿名内部类，掌握 Swing 的顶级容器、中间容器和组件的使用方法和语法。

第 10 章"网络应用"的实验，主要针对套接字通信和 JDBC 的使用。本章共提供了 3 个实验，指导学生学习使用套接字实现简单通信的服务器和客户端，掌握配置 Eclipse 数据库访问环境，掌握访问数据库的基本方法。

4. 本书源代码

本书所有源代码都作为保留版权的免费软件提供，保留版权的主要目的是保证源代码得到正确的引用，并防止在未经许可的情况下，在印刷材料中发布代码。通常，只要源代码获得了正确的引用，则在大多数媒体中使用本书的示例都没有什么问题。

读者可在自己的开发项目中使用代码，并可在课堂上引用（包括学习材料），但要确定版权声明在每个源文件中得到了保留。

5. 致谢

本书是笔者多年 Java 授课过程中理论与实践的积累和体会，这里对在本书写作过程中给予支持的单位、领导、专家、朋友们和家人致以真挚的感谢！

感谢对外经济贸易大学信息学院对本书的编写出版的支持；感谢刘瑞林老师和实验中心积极关注和支持本书的编写工作；感谢选修本课程的同学们提供给我的建议和学习体会，对本书的教学设计和教学安排提供了参考。

感谢家人和朋友们；感谢伊凡先生提供的丰富专业资料，和他的交流与讨论使得本书的编写受益匪浅。同时对本书内容提供帮助的吴进宝、于晏浩、张苑、王溢、何琪乐表示感谢。

特别感谢对外经济贸易大学出版社的各级领导和本书的策划编辑李晨光等，由于他们的充分信任、支持和辛勤工作才使得本书能很快与读者见面。

编　者

2012 年 4 月

目　　录

第 1 章　Java 概述 ··· 1
　1.1　知识要点 ··· 1
　1.2　实验 ·· 6
　1.3　小结 ··· 20

第 2 章　Java 语言基础 ·· 21
　2.1　知识要点 ··· 21
　2.2　实验 ·· 26
　2.3　小结 ·· 51

第 3 章　类和对象 ·· 53
　3.1　知识要点 ··· 53
　3.2　实验 ·· 57
　3.3　小结 ·· 101

第 4 章　继承与多态 ·· 103
　4.1　知识要点 ·· 103
　4.2　实验 ·· 104
　4.3　小结 ·· 145

第 5 章　异常处理 ·· 147
　5.1　知识要点 ·· 147
　5.2　实验 ·· 150
　5.3　小结 ·· 164

第 6 章　数组与集合 ·· 165
　6.1　知识要点 ·· 165

6.2 实验 ... 167
6.3 小结 ... 181

第7章 线程 ... 183
7.1 知识要点 ... 183
7.2 实验 ... 184
7.3 小结 ... 198

第8章 输入输出流 ... 199
8.1 知识要点 ... 199
8.2 实验 ... 202
8.3 小结 ... 213

第9章 用户图形界面 ... 215
9.1 知识要点 ... 215
9.2 实验 ... 217
9.3 小结 ... 247

第10章 网络应用 ... 249
10.1 知识要点 ... 249
10.2 实验 ... 251
10.3 小结 ... 263

参考文献 ... 264

第 1 章

Java 概述

通过本章的实验，理解面向对象的基本概念，掌握 Java 程序的基本结构以及基础编程、编译和运行过程，学会 Java 开发环境的配置。

1.1 知识要点

1.1.1 建立 Java 的开发环境

JDK 是 Java 开发工具包（Java Development Kit）的缩写。JDK 是 Java 最基本的工具和开发环境。Java 技术中的 J2EE、J2SE、J2ME 是 Java API 的三个不同版本，所使用的语言是相同的，只是捆绑的库不同。它们的核心都是 JDK。JDK 是整个 Java 的核心，包括了 Java 运行环境（Java Runtime Environment，JRE）、Java 编译器、大量的 Java 工具以及 Java 基础 API。

JRE（Java Runtime Environment，Java 运行环境），也就是 Java 平台。所有的 Java 程序都要在 JRE 下才能运行，JVM（Java Virtual Machine，Java 虚拟机）是 JRE 的一部分。JDK 的工具也是 Java 程序，也需要 JRE 才能运行。如果要使用 Java 技术开发应用程序，首先需要安装 JDK。为了保持 JDK 的独立性和完整性，在 JDK 的安装过程中，JRE 也是安装的一部分。所以，在 JDK 的安装目录下有一个名为 jre 的目录，用于存放 JRE 文件。

JDK 包含的常用基本工具包括：

➢ javac

Java 源程序编译器，将 Java 源代码转换成字节码。

➢ java

Java 解释器，直接从字节码文件，又称为类文件，执行 Java 应用程序的字节代码。

➢ appletviewer

Java Applet 浏览器。appletviewer 命令可以脱离万维网浏览器环境，直接运行 Applet。

➢ jar

Java 应用程序打包工具，可将多个类文件合并为单个 JAR 归档文件。

➢ javadoc

Java API 文档生成器用于从 Java 源程序代码注释中提取文档，生成 API 文档 HTML 页。

➢ jdb

Java 调试器（debugger），可以逐行执行程序，设置断点和检查变量。

目前 SUN 公司发布的 JDK 版本最高为 JDK 7，下载的官方网站地址为：

http://www.oracle.com/technetwork/java/javase/downloads/index.html

JDK 有 Linux、Solaris 和 Windows 等操作系统的版本。安装完 Java Development Kit（JDK）软件后，默认的安装路径为：C:\ProgramFiles\Java\JDK1.7.0。

安装完 JDK 后，在行命令窗口下就可以使用 JDK 中的 javac 和 java 命令了。如果运行命令时，出现错误的命令或找不到某个文件的提示，需要设置环境变量 PATH 和 CLASSPATH。PATH 变量指示 Java 应用程序查找 JDK 命令的路径，假设 JDK 安装在 Windows 操作系统的默认目录下，PATH 应设置为：C:\ProgramFiles\Java\JDK1.7.0\bin。

CLASSPATH 变量指示 Java 应用程序和 JDK 工具去查找第三方和自定义 Java 类文件的路径，即 Java 源代码编译后生成的字节码文件。这两个环境变量设置的步骤为：

（1）环境变量的设置：我的电脑→属性→高级→环境变量。

（2）在系统变量下的列表中，单击"新建"，变量名输入 CLASSPATH，变量值以"path1;path2;…"的方式输入 JDK 的类，以及第三方和自定义 Java 类文件所在的多个路径，确认完成。

（3）在系统变量下的列表中，双击选择 PATH 变量，在所出现编辑框中的变量值尾部加入";C:\ProgramFiles\Java\JDK1.7.0\bin"，这里用";"分割，然后确认完成。

在 JDK 1.5 版本之前，Windows 系列操作系统需要程序员手动设置 PATH 环境变量，JDK 1.6 版本后，JDK 安装程序在安装完成后自动设置 PATH 路径；在 Linux 操作系统中，假设 JDK 安装在/usr/local/JDK1.6.0_04 目录下，需要在系统的启动文件中进行设置，加入 PATH=/usr/local/JDK1.6.0_04/bin 语句。

Java 的集成开发工具有很多，现在比较流行的是 Eclipse、NetBeans 和 JBuilder。Eclipse 是一个开源的绿色软件平台。

1.1.2 编译 Java 程序

在 Java 应用程序的开发过程中，Java 源程序代码扩展名为".java"，以纯文本的方式存储。源文件由 Java 编译器编译成 Java 虚拟机可执行的字节码，生成扩展名为".class"的字节码文件。这些字节码都由 JVM 的机器语言组成，由 JVM 装载，可以跨平台执行。javac 是 Java 语言编程编译器，用于将 Java 源程序编译成字节码的 class 文件。

通过命令行的方式，javac 可以执行编译的操作，其命令行的执行语法为：

```
javac <options><sourcefiles>
```

编译器有一批标准选项，目前的开发环境支持这些标准选项，将来的版本也将支持它。还有一批附加的非标准选项是目前的虚拟机实现所特有的，将来可能要有变化。非标准选项以-X 打头，其中主要的标准选项包括：

➢ -classpath 类路径

设置用户类的路径，它会覆盖 CLASSPATH 环境变量中的用户类路径。若既未指定 CLASSPATH 又未指定-classpath，则用户类路径由当前目录构成。有关详细信息，请参阅设置类路径。若未指定-sourcepath 选项（见下文），则将在用户类路径中查找类文件和源文件。

➢ -d 目录

设置输出类文件的位置。如果某个类是一个包的组成部分，则 javac 将把该类文件放入反映包名的子目录中，必要时创建目录。例如，类名叫 com.mypackage.MyClass，如果指定-d c:\myclasse，那么类文件的路径为 c:\myclasses\com\mypackage\MyClass.class。若未指定-d 选项，则 javac 将把类文件放到与源文件相同的目录中。

-d 选项指定的目录不会被自动添加到用户类路径中。

➢ -deprecation

显示每种不鼓励使用的 API（包含成员和类）的使用或覆盖情况说明。没有给出-deprecation 选项的话，javac 将显示这类源文件的名称：这些源文件使用或覆盖了不鼓励使用的 API。

➢ -encoding

设置源文件编码名称，例如 EUCJIS/SJIS。若未指定-encoding 选项，则使用平台缺省的转换器。

➢ -g

生成所有的调试信息，包括局部变量。缺省情况下，只生成行号和源文件信息。

➢ -g:none

不生成任何调试信息。

-g:{关键字列表}

只生成某些类型的调试信息,这些类型由逗号分隔的关键字列表所指定。有效的关键字有:source 表示源文件调试信息;lines 表示行号调试信息;表示 vars 局部变量调试信息。

> -nowarn

禁用警告信息。

> -o

优化代码,缩短执行时间。使用-o 选项可能使编译速度下降,生成更大的类文件并使程序难以调试。在 JDK 1.2 以前的版本中,javac 的-g 选项和-o 选项不能一起使用。在 JDK 1.2 中,可以将-g 和-o 选项结合起来,但可能会得到意想不到的结果,如丢失变量或重新定位代码或丢失代码。-o 选项不再自动打开-depend 或关闭-g 选项。同样,-o 选项也不再允许进行跨类内嵌。

> -sourcepath 源路径

指定用来查找类或接口定义的源代码路径。与用户类路径一样,多个源路径项用分号";"进行分隔,它们可以是目录、JAR 归档文件或 ZIP 归档文件。如果使用包,那么目录或归档文件中的本地路径名必须反映包名。(注意:通过类路径查找的类,如果找到了其源文件,则可能会自动被重新编译。)

> -verbose

冗长输出。它包括了每个所加载的类和每个所编译的源文件的有关信息。

> -target 类文件的版本。

如果已经指定了-source 选项,那么-target 版本不能低于-source 选项。表 1-1 默认 source 与 target 选项值列出不同版本的 javac,默认 source 与 target 选项值。

表 1-1　　　　　　　　　默认 source 与 target 选项值

JDK/J2SDK	DefaultSource	SourceRange	DefaultTarget	TargetRange
1.0.x	1.0	—	1.1	—
1.1.x	1.1	—	1.1	—
1.2.x	1.2	—	1.1	1.1–1.2
1.3.x	1.2/1.3	—	1.1	1.1–1.3
1.4.x	1.2/1.3	1.2†–1.4	1.2	1.1–1.4
5	1.5	1.2–1.5	1.5	1.1–1.5
6	1.5	1.2–1.6	1.6	1.1–1.6
7	1.7	1.2–1.7	1.7	1.1–1.7

默认情况下，类是根据与 javac 一起发行的 JDK 自举类和扩展类来编译。但 javac 也支持联编，在联编中，类是根据其他 Java 平台实现的自举类和扩展类来进行编译的。联编时，-bootclasspath 和-extdirs 的使用很重要。

➤ -extdirs 目录

根据指定的扩展目录进行联编。目录是以分号分隔的目录列表。在指定目录的每个 JAR 归档文件中查找类文件。

1.1.3 运行 Java 程序

在编译完成的类文件后，可以通过 JVM 来装载和执行的类文件，JVM 通过 SDK 的 java 命令来启动。java 命令既可以直接运行字节码.class 文件，也可以运行字节码文件打包后的 jar 文件。其用法为：

```
java [-options] class [args...]
java [-options] -jar jarfile [args...]
```

其中-options 为虚拟机参数，通过这些参数可对虚拟机的运行状态进行调整，掌握参数的含义可对虚拟机的运行模式有更深入理解。虚拟机参数分为基本和扩展两类，在命令行中输入 java 就可得到基本参数的说明，这些选项包括：

➤ -client 和-server

这两个参数用于设置虚拟机使用何种运行模式，client 模式启动比较快，但运行时性能和内存管理效率不如 server 模式，通常用于客户端应用程序。相反，server 模式启动比 client 慢，但可获得更高的运行性能。在 Windows 上，默认的虚拟机类型为 client 模式。在 Linux、Solaris 上默认采用 server 模式。

➤ -hotspot

与-client 相同，jdk1.4 以前使用的参数，jdk1.4 开始不再使用，代之以 client。

➤ -classpath 和-cp

虚拟机在运行一个类时，需要将其装入内存，虚拟机搜索类的方式和顺序如下：自举类，扩展类，用户类。自举类是虚拟机自带的 jar 或 zip 文件，扩展类是位于 jre\lib\ext 目录下的 jar 文件，虚拟机在搜索完自举类后就搜索该目录下的 jar 文件，用户类的路径搜索顺序为当前目录、环境变量 CLASSPATH。参数-classpath 用来设置虚拟机搜索目录名、jar 文件名和 zip 文件名，路径之间用分号分隔。如果-classpath 和 CLASSPATH 都没有设置，则虚拟机使用当前路径"."作为类搜索路径。推荐使用-classpath 来定义虚拟机要搜索的类路径，以减少多个项目同时使用 CLASSPATH 时存在的潜在冲突。

➤ -D<propertyName>=value

在虚拟机的系统属性中设置属性名和对应值。

> -version

显示可运行的虚拟机版本信息然后退出。

> -showversion

显示版本信息以及帮助信息。

> -ea[:<packagename>...|:<classname>]和
  -enableassertions[:<packagename>...|:<classname>]

从 JDK1.4 开始,java 可支持断言机制,用于诊断运行时问题。通常在测试阶段使断言有效,在正式运行时不需要运行断言。上述参数就用来设置虚拟机是否启动断言机制。缺省时虚拟机关闭断言机制,用-ea 可打开断言机制,不加<packagename>和 classname 时运行所有包和类中的断言,如果希望只运行某些包或类中的断言,可将包名或类名加到-ea 之后。例如要启动包 com.foo.util 中的断言,可用命令–ea:com.foo.util。

> -da[:<packagename>...|:<classname>]和
  -disableassertions[:<packagename>...|:<classname>]

用来设置虚拟机关闭断言处理,packagename 和 classname 的使用方法和-ea 相同。

> -esa|-enablesystemassertions

设置虚拟机显示系统类的断言。

> -dsa|-disablesystemassertions

设置虚拟机关闭系统类的断言。

> -agentlib:<libname>[=<options>]

是新引入 JDK5 参数,用于虚拟机装载本地代理库。Libname 为本地代理库文件名,虚拟机的搜索路径为环境变量 PATH 中的路径,options 为传给本地库启动时的参数,多个参数之间用逗号分隔。

> -agentpath:<pathname>[=<options>]

设置虚拟机按全路径装载本地库,不再搜索 PATH 中的路径。其他功能和 agentlib 相同。

1.2 实　　验

实验 1　了解 Java SDK 的安装和使用

> 实验目的

(1) 掌握 Java 运行环境的安装和基本配置;

(2) 了解 JDK 的组成与其提供的基本工具;

（3）练习编写、编译和运行一个简单的 Java 程序，学会 javac、java 基本工具的使用；
（4）认识 Java 的基本程序结构，了解 Java Application 和 Java Applet。

> 课时要求

1 课时

> 实验内容

（1）JDK 的安装及环境变量 PATH 设置；
（2）第一个 Java Application 简单程序的编写、编译运行；
（3）第一个 Java Applet 简单程序的编写、编译运行。

> 实验要求

（1）用 JDK 安装软件在本地安装 JDK，并测试安装效果，设置正确的环境变量 PATH。

（2）创建一个简单的 Java Application，命名为 MyApp01.java，利用 JDK 的工具编译和运行这个程序，在屏幕上输出"This is my first java application!"。

（3）创建一个简单的 Java Applet 和相应的 html 文件，命名为 MyApplet01.java 和 MyApplet01.html，可利用 WWW 浏览器观看 Java Applet 定义的内容："This is my first java applet!"。

> 实验步骤

步骤 1 JDK 的安装及环境变量 PATH 设置

（1）从 SUN 公司发布的 JDK 的官方网站下载 Windows 版本的 JDK 安装软件，最新版本为 JDK 1.7。

（2）选定所安装的磁盘和目录，判断磁盘空间是否够用。默认状态下 JDK 安装在启动盘的 C:\Program Files\java 目录下。

（3）安装 JDK。根据安装向导完成 JDK 的安装。

（4）安装完成后，在 Windows 下，单击"开始"菜单→运行→输入 cmd，进入行命令 cmd 窗口，测试安装结果。

```
C:\>CD C:\Program Files\java\jdk1.7.0\bin
C:\Program Files\java\jdk1.7.0\bin>javac
```

安装成功，则可以看到 javac 的命令帮助。

（5）安装成功后，通过浏览器查看安装后的 JDK 目录结构，了解 JDK 的组成，查看 bin 目录下的运行文件，了解 JDK 提供的基本工具。

（6）用"SET PATH"查看 PATH 的设置中是否有 JDK 的运行文件路径。

```
C:\>SET PATH
```

如果没有，打开计算机（或我的电脑）"属性"，选择"高级"页面，单击"环境变量"，在"系统变量"中选择"PATH"进行编辑，例如将"C:\Program Files\java\jdk1.7.0\bin"

加入其路径。

（7）创建自己的工作目录（将要编写的程序存储的目录），例如：D:\workspace，后面的源程序代码都存在这个目录下。

步骤 2 Java 应用程序的创建、编译和运行

（1）在 D:\workspace 目录下创建新目录 simple。

（2）打开文本编辑器，参考教材上的"HelloWorld"例子编写自己的小程序 MyApp01.java。见代码 1-1。

代码 1-1 MyApp01.java

```java
//package edu.uibe.java.lab01;

public class MyApp01 {
    public static void main(String[] args) {
        System.out.println("This is my first java application!");
    }
}
```

（3）将编辑好的文件存到 simple 目录下，名为 MyApp01.java。

（4）在 Windows 的行命令窗口下，使用 javac 编译 MyApp01.java 程序，并用 dir 查看编译后生成的字节码.class 文件。

```
C:\>D:
D:\>CD workspace\simple
D:\workspace\simple>javac MyApp01.java
D:\workspace\simple>dir
```

（5）使用 java MyApp01 运行程序，并查看结果。

```
D:\workspace\simple>java MyApp01
```

（6）掌握 java 和 javac 的使用。

步骤 3 Java Applet 创建、编译和运行：

（1）打开文本编辑器，参考教材上 Applet 的"HelloWorld"例子编写自己的小程序 MyApplet01.java。见代码 1-2。

代码 1-2 MyApplet01.java

```java
//package edu.uibe.java.lab01;

import java.awt.*;
import java.applet.*;

public class MyApplet01 extends Applet {
    public void paint(Graphics g) {
```

```
        g.drawString("Hello World!", 20, 20);
    }
}
```
（2）将编辑好的文件存到 simple 目录下，名为 MyApplet01.java。

（3）在 Windows 的行命令窗口下，使用 javac MyApplet01.java 编译程序，并用 dir 查看编译后生成的字节码.class 文件。

```
        D:\workspace\simple>javac MyApplet01.java
        D:\workspace\simple>dir
```

（4）打开文本编辑器，根据教材上调用 Applet 的 html 例子编写自己的小程序 MyApplet01.html。见代码 1-3。

代码 1-3　MyApplet01.html

```
<HTML>
<APPLET
        code    = "MyApplet01.class"
        width   = "200"
        height  = "50"
        >
</APPLET>
</HTML>
```

（5）将编辑好的文件存为 MyApplet01.html，路径与 MyApplet01.class 相同。

（6）在 Windows 下用浏览器打开 MyApplet01.html，查看结果。

实验 2　在命令行窗口设置 CLASSPATH 环境变量

➢ 实验目的

（1）掌握使用 java 命令的-classpath 参数和-cp 参数的方法；

（2）掌握在命令行窗口 CLASSPATH 环境变量的设置方法；

（3）理解 CLASSPATH 环境变量的作用。

➢ 课时要求

1 课时

➢ 实验内容

（1）在命令行窗口使用 java 命令的-classpath 参数和-cp 参数；

（2）在命令行窗口配置 CLASSPATH 环境变量；

（3）查看包的设置与 CLASSPATH 的关系。

➢ 实验要求

（1）使用实验 1 的 MyApp01.java 的编译结果，通过 java 命令-cp 和-classpath 参数设

置的变化,来了解 CLASSPATH 的工作原理。

(2) 使用 SET CLASSPATH 设置 CLASSPATH 环境变量。

(3) 在 MyApp01.java 中添加包的声明,通过 CLASSPATH 的参数设置,理解包和 CLASSPATH 的关系。

➢ 实验步骤

通过对 JDK 工具使用-classpath 选项或设置 CLASSPATH 环境变量可以设置类路径。

Java 命令通过 "-classpath <PATH>" 或 "-cp <PATH>" 选项指定的类文件所在位置,即类路径。java 命令会按照下列顺序查找 Java 类文件:

(1) 在-classpath 或-cp 指定的目录。

(2) 在 CLASSPATH 环境变量指定的目录。

(3) 如果没有指定-classpath 或-cp 选项和未分配的 CLASSPATH 环境变量,在当前目录。

也可以在当前系统的环境变量 CLASSPATH 中指定类路径,应用于在这个系统中运行的所有 Java 程序,不必再特别给每一个 Java 程序指定类路径。如果只是在当前运行的命令行窗口设置 CLASSPATH 变量的值,类路径只应用于运行在当前窗口下的 Java 程序。

步骤1 使用 "-classpath" 或 "-cp" 选项指定类路径

(1) 在命令行窗口,使用 java 命令时添加 "–cp ." 或 "-classpath ." 选项,单点 "." 设置类路径为当前目录。

```
D:\workspace\simple>java  -cp . MyApp01
D:\workspace\simple>java  -classpath . MyApp01
```

(2) 使用 java 命令时添加 "–cp .." 或 "-classpath .." 选项,双点 ".." 设置类路径为当前目录的父目录。因为当前目录的父目录中不包含文件 MyApp01.class,运行失败,出现出错信息如下:

```
D:\workspace\simple>java  -cp .. MyApp01
Exception in thread "main"
java.lang.NoClassDefFoundError: MyApp01
```

(3) 将 MyApp01.class 移动到父目录 D:\workspace,尝试上面的命令,查看结果。

```
D:\workspace\simple>move MyApp01.class ..
D:\workspace\simple>java  -cp .. MyApp01
D:\workspace\simple>java  -classpath D:\workspace MyApp01
```

(4) 选择当前目录作为类路径,查看结果。

```
D:\workspace\simple>java  -cp . MyApp01
Exception in thread "main"
java.lang.NoClassDefFoundError: MyApp01
```

(5) 用-classpath 和-cp 指定多个目录,只要其中一个目录有目标程序,就能正确执行。

```
D:\workspace\simple>java -cp .;D:\workspace MyApp01
```

（6）将 MyApp01.class 移回到原来的目录。

```
D:\workspace\simple>move MyApp01.class src
```

步骤 2　设置 CLASSPATH 环境变量

（1）单击"开始"菜单→运行→输入 cmd，进入命令行窗口，设置 CLASSPATH 环境变量，使类路径中包含 MyApp01.class 所在的目录，然后运行该程序，查看结果。

```
D:\workspace\simple>set classpath=D:\workspace\simple
D:\workspace\simple>java MyApp01
```

（2）修改环境变量 CLASSPATH 设置为一个临时目录，然后运行该程序，查看结果。

```
D:\workspace\simple>set classpath=D:\tmp
D:\workspace\simple>java MyApp01
Exception in thread "main"
java.lang.NoClassDefFoundError: MyApp01
```

（3）通过环境变量 CLASSPATH 指定多个目录作为类路径，尝试将 MyApp01.class 在设定的几个目录之间移动，然后运行该程序，查看结果。

```
D:\workspace\simple>set classpath=.;D:\workspace;D:\tmp
```

步骤 3　编译运行 Java 程序

（1）打开文本编辑器，按照代码 1-4 修改 MyApp01.java，并在 D:\workspace\simple 目录下保存为 MyApp02.java。

代码 1-4　MyApp02.java

```java
package edu.uibe.java.lab01;

public class MyApp02 {
    public static void main(String[] args) {
        System.out.println("This is my first java application!");
    }
}
```

（2）用 javac 编译代码，并查看字节码.class 文件。

```
D:\workspace\simple>javac MyApp02.java
D:\workspace\simple>dir
 驱动器 D 中的卷是 EXPRESSGATE
 卷的序列号是 E606-C8B6

 D:\workspace\simple 的目录

011/11/10  17:08    <DIR>          .
```

```
011/11/10  17:08    <DIR>              ..
011/11/10  17:32              238 MyApp02.java
011/11/10  17:33              462 MyApp02.class
            2 个文件            700 字节
            2 个目录 158,344,609,792 可用字节
```

（3）运行程序，出现异常。

```
D:\workspace\simple >java MyApp02
Exception in thread "main" java.lang.NoClassDefFoundError: MyApp01 (wrong name:
edu/uibe/java/lab01/MyApp02)
        at java.lang.ClassLoader.defineClass1(Native Method)
        at java.lang.ClassLoader.defineClass(Unknown Source)
        at java.security.SecureClassLoader.defineClass(Unknown Source)
        at java.net.URLClassLoader.defineClass(Unknown Source)
        at java.net.URLClassLoader.access$100(Unknown Source)
        at java.net.URLClassLoader$1.run(Unknown Source)
        at java.net.URLClassLoader$1.run(Unknown Source)
        at java.security.AccessController.doPrivileged(Native Method)
        at java.net.URLClassLoader.findClass(Unknown Source)
        at java.lang.ClassLoader.loadClass(Unknown Source)
        at sun.misc.Launcher$AppClassLoader.loadClass(Unknown Source)
        at java.lang.ClassLoader.loadClass(Unknown Source)
        at sun.launcher.LauncherHelper.checkAndLoadMain(Unknown Source)
```

（4）使用 java 的包路径运行文件。

```
D:\workspace\simple >java edu.uibe.java.lab01.MyApp02
Exception in thread "main"
java.lang.NoClassDefFoundError: edu.uibe.java.lab01.MyApp02
```

（5）删除当前目录下的 MyApp02.class 文件，使用 javac 的 "-d" 选项，指定当前目录为编译的目标目录，查看生成的字节码.class 文件。

```
D:\workspace\simple >del MyApp02.class
D:\workspace\simple >javac MyApp02.java -d .
D:\workspace\simple >dir
 驱动器 D 中的卷是 EXPRESSGATE
 卷的序列号是 E606-C8B6

 D:\workspace\simple 的目录

2011/11/10  17:08    <DIR>          .
2011/11/10  17:08    <DIR>          ..
```

```
2011/11/10  17:32                238 MyApp01.java
2011/11/10  17:58    <DIR>           edu
               2 个文件          700 字节
               3 个目录 158,344,118,272 可用字节
```

```
D:\workspace\simple >dir .\edu\uibe\java\lab01
 驱动器 D 中的卷是 EXPRESSGATE
 卷的序列号是 E606-C8B6

 D:\temp\edu\uibe\java\lab01 的目录

2011/11/10  17:58    <DIR>           .
2011/11/10  17:58    <DIR>           ..
2011/11/10  17:58                462 MyApp01.class
               1 个文件          462 字节
               2 个目录 158,344,118,272 可用字节
```

（6）使用"–cp ."或"-classpath ."选项指定类路径到.class 文件所在的目录，运行文件并查看结果。

```
D:\workspace\simple>java -classpath .\edu\uibe\java\lab01 MyApp02
Exception in thread "main" java.lang.NoClassDefFoundError: MyApp01 (wrong name:
edu/uibe/java/lab01/MyApp01)
        at java.lang.ClassLoader.defineClass1(Native Method)
        at java.lang.ClassLoader.defineClass(Unknown Source)
        at java.security.SecureClassLoader.defineClass(Unknown Source)
        at java.net.URLClassLoader.defineClass(Unknown Source)
        at java.net.URLClassLoader.access$100(Unknown Source)
        at java.net.URLClassLoader$1.run(Unknown Source)
        at java.net.URLClassLoader$1.run(Unknown Source)
        at java.security.AccessController.doPrivileged(Native Method)
        at java.net.URLClassLoader.findClass(Unknown Source)
        at java.lang.ClassLoader.loadClass(Unknown Source)
        at sun.misc.Launcher$AppClassLoader.loadClass(Unknown Source)
        at java.lang.ClassLoader.loadClass(Unknown Source)
        at sun.launcher.LauncherHelper.checkAndLoadMain(Unknown Source)
```

（7）使用 java 的包路径运行文件，查看结果。

```
D:\workspace\simple >java edu.uibe.java.lab01.MyApp02
```

（8）退到 D:\workspace 目录下，使用上面同样的命令运行程序，查看结果。

```
D:\workspace\simple >cd ..
D:\workspace >java edu.uibe.java.lab01.MyApp02
错误：找不到或无法加载主类 edu.uibe.java.lab01.MyApp02
```
（9）使用"–cp ."或"-classpath ."选项指定类路径到.class 文件所在的目录，运行文件并查看结果。
```
D:\workspace >java -classpath simple\edu\uibe\java\lab01MyApp02
错误：找不到或无法加载主类 MyApp02
```
（10）使用"–cp ."或"-classpath ."选项指定类路径到包所在的目录，运行文件并查看结果。
```
D:\workspace >java -classpath .\simpleedu.uibe.java.lab01.MyApp02
This is my first java applica tion!
```
（11）上面的实验结果可知包内类的路径不能由-classpath 指定，-classpath 只能指示包所在的位置。

实验 3 Eclipse 安装与使用

> 实验目的

学习使用 Eclipse 集成环境开发 Java 程序

> 课时要求

1 课时

> 实验内容

（1）安装集成开发环境 Eclipse；
（2）熟悉 Eclipse 基本使用方法。

> 实验要求

（1）了解 Eclipse 的开发集成环境；
（2）了解创建一个新的 Java 项目；
（3）了解创建和运行一个新类；
（4）了解配置项目属性；
（5）了解调试一个 Java 项目。

> 实验步骤

步骤 1 下载和安装 Eclipse

（1）从 Eclipse 官方网站下载最新版本的 Eclipse（http://www.eclipse.org/downloads/）。请选择 Eclipse IDE for JavaEE Developers，目前的版本是 3.7.1，以后的实验也是基于这个版本进行讲解。下载 Eclipse 后我们看到的是一个压缩包，这个压缩包直接解压到硬盘上，会新建一个 eclipse 目录存放 eclipse 的文件。假设解压缩到 D 盘，则 eclipse 安装在 D:eclipse 目录下。

（2）进入 eclipse 目录，双击 eclipse.exe 文件，启动 Eclipse。

（3）初次启动 Eclipse 时，需要设置工作空间（见图 1-1），也就是 Java 源程序文件、字节码文件和 Eclipse 相关的配置文件所在的目录。您可以根据自己的需要，将工作空间设置在任意盘中。例如 D:\workspace。

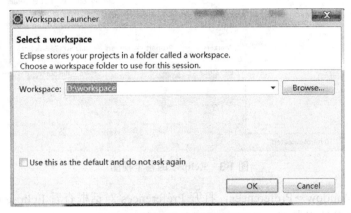

图 1-1　设置工作空间的目录

步骤 2　配置 Eclipse

（1）进入 Eclipse，首先看到欢迎界面（见图 1-2）。

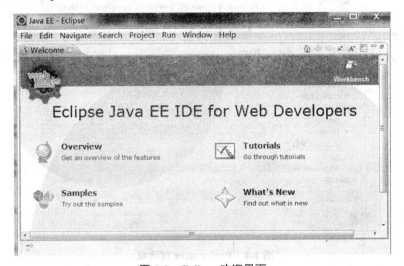

图 1-2　Eclipse 欢迎界面

（2）关闭欢迎界面，可以看到默认状态下 Eclipse 平台的各个视图（见图 1-3）。

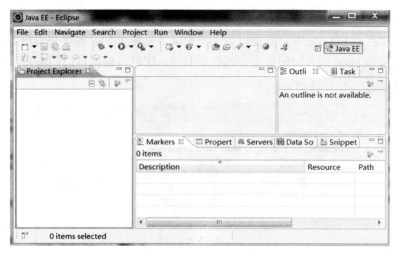

图 1-3　Eclipse 的各个视图

（3）选择 Window→Preferences，打开 Preferences 对话框查看 Eclipse 的选项（见图 1-4），检查 JRE 的安装是否正确，同时学习使用其他配置项。

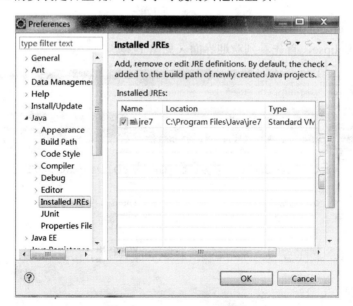

图 1-4　Preferences 对话框

（4）如果 Eclipse 当前视图中没有 Java 透视图，手动打开 Java 透视图：选择 Window→ Open Perspective→Java，如图 1-5 所示。

第1章 Java 概述

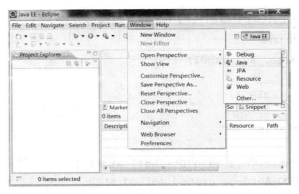

图 1-5 打开 Java 透视图

步骤 3 新建和配置 java 项目

（1）选择 File→New→Java Project，弹出"New Java Project"对话框，在这个对话框创建新的 java 项目，项目名称为：JavaLab。

（2）在 project explorer 中，选中您新建的 Java 项目，通过选择 File→Properties，弹出项目配置的对话框，在这个界面学习配置 JavaBulidPath。

步骤 4 创建一个有 main 方法的 Java 类，并且运行

（1）在 Package Explorer 视图中，使用鼠标右键单击刚创建的 Java 项目，在弹出的快捷菜单中选择 New→Class，跳出 New Java Class 对话框，在这个界面创建新类，类的名称为 Circle，选择有 main 方法，单击 Finish 按钮（见图 1-6）。

图 1-6 创建新类

（2）在自动生成的代码中添加代码 1-5 的下划线部分。

代码 1-5　Circle.java

```java
package edu.uibe.java.lab01;

public class Circle {
    /**
     * @param args
     */
    public static void main(String[] args) {
        // TODO Auto-generated method stub
        int x = 0;
        for (int i = 0; i < 10; i++) {
            x++;
            System.out.println("这是第" + x + "循环");
        }
    }
}
```

（3）在 Package Explorer 视图中，使用鼠标右键单击刚创建的 Java 项目，在弹出的快捷菜单中选择 Run As→Java Application，选择运行 Circle 类。

（4）打开 Eclipse 平台接近屏幕下方的 Console 视图，查看运行结果。

步骤 5　调试 Java 程序

如果需要对程序进行调试，首先要在程序中设置断点。然后，调试程序会将设置的程序断点挂起来查看变量的值。在 Java 编辑器中的断点编辑区（代码编辑区竖线的左边）单击鼠标右键，选择"显示行号"命令。此时，会显示程序代码的行号。在需要设置断点的行号前双击鼠标左键，即设置了断点。此时，会在断点行号前打实心标记，如图 1-7 所示。

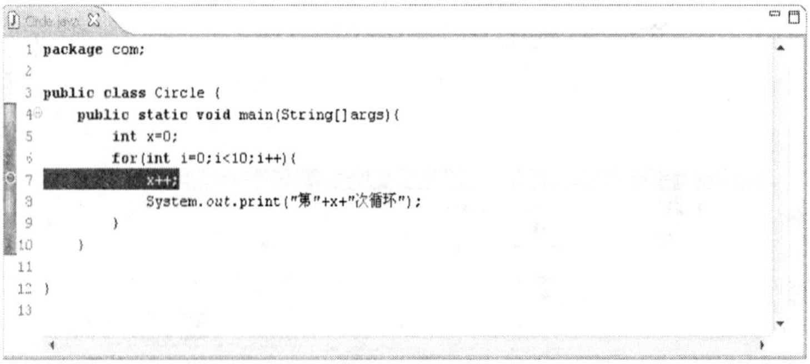

图 1-7　设置断点

（1）在 Circle 类中设置断点。

（2）选择 Window→Open Perspective→Other，打开 Debug 透视图，了解 Eclipse 调试工具的界面视图，包括变量试图、断点试图等。

（3）启动 Circle 程序的调试。

在 Package Explorer 视图中，使用鼠标右键单击刚创建的 Java 项目，在弹出的快捷菜单中选择 Debug As→Java Application，进入调试界面，此时 Circle 应用程序运行到断点处停止，在变量视图中可以查看应用程序执行过程中的变量值。程序编辑器中会高亮显示设置断点的程序代码，如图 1-8 所示。

图 1-8　调试界面

（4）单步调试应用程序。在菜单项中，选择 Run→Step Over，或者选择 Debug 视图工具栏中的 按钮。在程序编辑器中，高亮显示会移至下一行程序代码。调试视图会挂起高亮显示程序代码所在的线程。变量视图会显示高亮显示程序执行后变量的值。如图 1-9 所示。

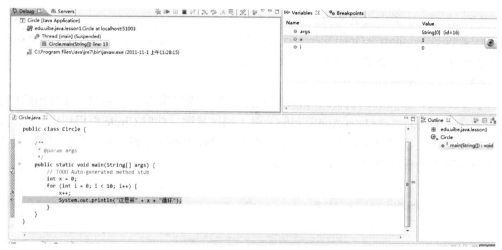

图1-9 单步调试界面

1.3 小　　结

本章共提供了3个实验，通过这3个实验的练习，学生能够掌握在自己的机器上进行Java SDK的安装，使用JDK提供的命令进行最基本的Java应用程序创建、编译和运行，配制环境变量，进行Eclipse的安装和使用。

第 2 章

Java 语言基础

通过本章的实验,掌握 Java 语言的基本语法和基本数据类型,掌握 Java 语言的程序流程控制方法和语法。

2.1 知识要点

2.1.1 数据类型

Java 是一种强类型语言(strong typed language)。这就意味着必须为每个变量声明一种类型。在 Java 中,一个共有 8 种基本类型(primitive type),其中有 4 个整型、2 个浮点型、1 个用于表示 Unicode 编码的字符单元的字符类型 char 和一个用于表示真值的 boolean 类型。基本类型是不能再简化的、内置的数据类型,由编程语言定义,表示真实的数字、字符和整数。Java 的基本类型并不是对象。为了采用面向对象方式对待 Java 基本类型,需要首先用类封装它们,这样就产生了对应的包装类。Java 中的所有数字变量都是有符号的,Java 不允许数据类型之间随意转换。只有数字变量之间可以进行类型转换。比如,boolean 就不能转换为其他数据类型,而且其他数据类型也不能转换为 boolean。

➢ 基本数据类型

基本数据类型(primitive data type)分为整型(整数)、浮点型(浮点数)、字符型、布尔型。

➢ 包装类

Java 还提供了 Byte、Short、Boolean、Character、Integer、Double、Float 和 Long 等

内置的包装类。这些包装类（Wrapper class）提供了很直观的实用方法。比如，Byte、Float、Integer、Long 和 Double 类都具有 doubleValue()方法，通过它可以把存储在类实例中的值转换为 Double 类型。

> 数据类型转换

基本数据类型之间可以相互转换，转换方式有两种：自动转换和强制转换。在 Java 中，整型、实型、字符型被视为数值类型，这些类型取值范围由小到大分别为 byte < short、char < int < long < float < double，char 型可理解为与 short 型同级。自动转换的条件为：目标数据类型和源数据类型是兼容的并且目标数据类型的范围比源数据类型的大。当这两种条件满足时，就会发生自动转换即拓宽转换。而将大范围的类型转换为小范围的类型时，可以使用强制类型转换，语法格式如下：

```
(target-type)value
```

其中，目标类型(target-type)指定要将 value 转换成的类型。例如，将 int 型变量 xVar 的值强制转换成 byte 型，使用(byte)xVar。如果整数的值超出了 byte 型的取值范围，转换后的值是模除 byte 型值域的结果。

> 标识符

任何一个变量、常量、方法、对象和类都需要有一个名字标志它的存在，这个名字就是标识符。标识符可以由编程者自由指定，但是需要遵循一定的语法规定。

Java 对于标识符的定义有如下的规定：标识符必须以字母、下划线或美元符号开头，可以由字母、数字和两个特殊字符下划线（-）、美元符号（$）组合而成。

Java 是大小写敏感的语言，class 和 Class，System 和 system 分别代表不同的标识符，在定义和使用时要特别注意这一点。

应该使标识符能一定程度上反映它所表示的变量、常量、对象或类的意义。

> 变量

Java 中，每个变量属于一种类型（type）。声明变量时，变量所属的类型位于前面，随后是变量名，通常你可以用如下语法声明变量：

```
type identifier [ = value][, identifier [= value] ...] ;
```

该语句告诉编译器用类型（type）和标识符（identifier）建立一个变量。方格中的逗号和标识符表示可以把几个类型相同的变量放在同一语句进行说明，变量名中间用逗号分隔。在创建了一个变量以后，可以给它赋值，或者用运算符对它进行一些运算。声明是一条完整的语句，因此每个声明都必须以分号结束。类型可以是 Java 的基本类型之一，或类及接口类型的名字。变量名必须是一个有效的标识符。

> 常量

Java 中常用的常量有布尔常量、整型常量、字符常量、字符串常量和浮点常量。

（1）布尔常量。

布尔常量包括 true 和 false，分别代表真和假。

（2）整型常量。

整型常量可以用来给整型变量赋值，整型常量可以采用十进制、八进制和十六进制表示。十进制的整型常量用非 0 开头的数值表示，如 100，-50；八进制的整型常量用以 0 开头的数字表示，如 017 代表十进制的数字 15；十六进制的整型常量用 0x 开头的数值表示，如 0x2F 代表十进制的数字 47。

整型常量按照所占用的内存长度，又可分为一般整型常量和长整型常量，其中一般整型常量占用 32 位，长整型常量占用 64 位。长整型常量的尾部有一个大写的 L 或小写的 l，如-386L，017777l。

（3）浮点常量。

浮点常量表示的是可以含有小数部分的数值常量。根据占用内存长度的不同，可以分为一般浮点常量和双精度浮点常量两种。一般浮点常量占用 32 位内存，用 F、f 表示，如 19.4F，3.0513E3，8701.52f；双精度浮点常量占用 64 位内存，用带 D 或 d 或不加后缀的数值表示，如 2.433E-5D，700041.273d，3.1415。与其他高级语言类似，浮点常量还有一般表示法和指数表示法两种不同的表示方法。

（4）字符常量。

字符常量用一对单引号括起的单个字符表示，这个字符可以直接是 Latin 字母表中的字符，如'a'、'Z'、'8'、'#'；也可以是转义符，还可以是要表示的字符所对应的八进制数或 Unicode 码。转义符是一些有特殊含义、很难用一般方式表达的字符，如回车、换行等。为了表达清楚这些特殊字符，Java 中引入了一些特别的定义。所有的转义符都用反斜线(\)开头，后面跟着一个字符来表示某个特定的转义符。

（5）字符串常量。

字符串常量是用双引号括起的一串若干个字符（可以是 0 个）。字符串中可以包括转义符，标志字符串开始和结束的双引号必须在源代码的同一行上。

常量这个名词还会有另外其他语境中的表示值不可变的常量。在 Java 语言中，主要是利用 final 关键字来定义常量，在变量声明的时候，在类型的前边使用 final 修饰，表示声明的是一个常量，常量一旦被初始化就不能被修改。

2.1.2 运算符

Java 的运算符主要分为 4 类：算术运算符、关系运算符、逻辑运算符和位运算符等。

➢ 算术运算符

Java 的算术运算符分为一元运算符、二元运算符和算术赋值运算符。一元运算符只有一个操作数；二元运算符有两个操作数，运算符位于两个操作数之间。算术运算符的操作数必须是数值类型。赋值运算符可以与二元运算符合起来，构成算术赋值运算符，从而可以简化一些常用表达式的书写。

➢ 关系运算符

关系运算符用于比较两个数值之间的大小，其运算结果为一个逻辑类型的数值。关系运算符有六个：等于（==）、不等于（!=）、大于（>）、大于等于（>=）、小于（<）、小于等于（<=），对象运算符 instanceof 用来测试一个指定对象是否是指定类（或它的子类）的实例，若是则返回 true，否则返回 false。

➢ 逻辑运算符

逻辑运算符要求操作数的数据类型为逻辑型，其运算结果也是逻辑型值。逻辑运算符有：逻辑与（&&）、逻辑或（||）、逻辑非（!）、逻辑异或（^）。

➢ 位运算符

位运算是以二进制位为单位进行的运算，其操作数和运算结果都是整型值。位运算符共有 7 个，分别是：位与（&）、位或（|）、位非（~）、位异或（^）、右移（>>）、左移（<<）、0 填充的右移（>>>）。位运算的位与（&）、位或（|）、位非（~）、位异或（^）与逻辑运算的相应操作的真值表完全相同，其差别只是位运算操作的操作数和运算结果都是二进制整数，而逻辑运算相应操作的操作数和运算结果都是逻辑值。

运算符的优先级决定了表达式中不同运算执行的先后顺序。如关系运算符的优先级高于逻辑运算符，x > y && ! z 相当于 (x > y) && (! z)。运算符的结合性决定了并列的相同运算的先后执行顺序。如对于左结合的 "+"，x + y + z 等价于 (x + y) + z，对于右结合的 "!"，! ! x 等价于 !(! x)。

2.1.3 程序流程控制

编程语言是使用控制语句来产生执行流，从而完成程序状态的改变。java 的程序控制语句分为三类：选择、迭代和跳转。

➢ 选择语句

Java 中的分支语句有两个，一个是负责实现双分支的 if 语句，另一个是负责实现多分支的开关语句 switch。

➢ 迭代语句

迭代结构是在一定条件下，反复执行某段程序的流程结构，被反复执行的程序被称为循环体。循环结构是程序中非常重要和基本的一种结构，它是由循环语句来实现的。Java 的循环语句共有三种：while 语句、do-while 语句和 for 语句。

➢ 跳转语句

跳转语句用来实现程序执行过程中流程的转移。前面在 switch 语句中使用过的 break 语句就是一种跳转语句。为了提高程序的可靠性和可读性，Java 语言不支持无条件跳转的 goto 语句。Java 的跳转语句有三个：continue 语句、break 语句和 return 语句。

2.1.4 注释

像大多数编程语言一样，Java 允许你在源程序中添加注释，注释的内容被编译器忽略。注释是给程序员自己或团队成员看的，用来解释程序的某些部分如何工作或某部分的特殊功能。Java 语言提供了三类注释：

（1）单行注释：//
（2）多行注释：/* */
（3）文档注释：/** */

2.1.5 标准数据流

数据流一般分为输入流（Input Stream）和输出流（Output Stream）两种，但是在操作文件时，当向其中写数据时，它就是一个输出流 Java 的标准数据流是指在字符方式下（如 DOS），程序与系统进行交互的方式，分为三种。

➢ System.in

标准输入流。此流已打开并准备提供输入数据。通常，此流对应于键盘输入或者由主机环境或用户指定的另一个输入源。

➢ System.out

标准输出流。此流已打开并准备接受输出数据。通常，此流对应于显示器输出或者由主机环境或用户指定的另一个输出目标。

➢ System.err

标准错误输出流。此流已打开并准备接受输出数据。

通常，此流对应于显示器输出或者由主机环境或用户指定的另一个输出目标。按照惯例，此输出流用于显示错误消息，或者显示那些即使用户输出流（变量 out 的值）已经重定向到通常不被连续监视的某一文件或其他目标，也应该立刻引起用户注意的其他信息。System.in.read()接受用户输入，其返回值为 int 类型，in 表示标准输入的数据流，通常是键盘输入，read()则会从指定的输入数据流读取一个字节的数据。因此，当一次输入超过一个字符时，read()会将数据逐一从输入数据流读取，而其结果也会根据顺序显示。

2.2 实　　验

下面的实验均基于 Eclipse 平台。假设 Eclipse 的 workspace 为 D:\workspace，已建 Java 项目名称为 JavaLab。除特别说明之外，本章的实验所定义的类都放在包 edu.uibe.java.lab02 内，在创建新类时，在 New Java Class 对话框的 Package 文本框中填写 edu.uibe.java.lab02。

实验 1　变量和常量

➢ **实验目的**

（1）复习 Java 程序的基本结构；

（2）掌握使用 Eclipse 创建、编辑、运行 Java 程序的方法；

（3）掌握变量和常量的声明、赋值和使用语法；

（4）掌握变量和常量的基本输出语法；

（5）了解变量和常量的初始化过程；

（6）熟悉 Eclipse 编辑工具和各视图的使用。

➢ **课时要求**

1 课时

➢ **实验内容**

（1）使用 Eclipse 创建 Java 类，并在 Eclipse 中编辑、调试和运行 Java 类。

（2）定义常量和变量，并给其赋值后输出。

➢ **实验要求**

（1）在 Eclipse 平台上创建一个新类 BasicVarA，在类中定义一个 int 类型的变量 xVar，定义一个 String 类型的变量 yVar，创建一个新类 BasicConA，在类中定义一个 int 型常量 xCon；一个 String 类型的常量 yCon。给变量和常量赋值并输出。

（2）尝试初始化后改变常量和变量的值，查看结果。

➢ **实验步骤**

步骤 1　变量的声明、初始化和输出

（1）打开 Eclipse 平台，在 JavaLab 项目上创建新类 BasicVarA，见代码 2-1。

代码 2-1　BasicVarA.java

```
package edu.uibe.java.lab02;

public class BasicVarA {
```

```java
/**
 * @param args
 */
public static void main(String[] args) {
    // TODO Auto-generated method stub
    int xVar;           //基本类型的变量说明
    String yVar;        //复合类型的变量说明

    xVar = 123;         //基本类型变量赋值初始化
    yVar = new String("Hello !");       //复合类型变量赋值初始化

    System.out.println(xVar);   //基本类型的变量输出
    System.out.println(yVar);   //复合类型的变量输出
}
}
```

（2）单击图 2-1 中圆圈标识的下拉按钮，单击 Run As→Java Application，编译运行 BasicVarA.java，并从窗口下方的 Console 视图查看输出结果。

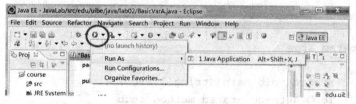

图 2-1　运行快捷按钮

（3）打开 Eclipse 平台，在 JavaLab 项目上创建新类 BasicVarB，在 BasicVarA.java 基础上修改程序，在声明时同时初始化变量，并在输出时加入输出值的说明，见代码 2-2。注意下划线部分。

代码 2-2　BasicVarB.java

```java
package edu.uibe.java.lab02;

public class BasicVarB {

    /**
     * @param args
     */
    public static void main(String[] args) {
        // TODO Auto-generated method stub
```

```
        int xVar = 100;                    //基本类型的变量说明及及初始化
        String yVar = "Morning !";         //复合类型的变量说明及初始化

        xVar = 123;                        //基本类型变量重新赋值
        yVar = new String("Hello !");      //复合类型变量重新赋值

        System.out.println("xVar: "+xVar); //基本类型的变量输出
        System.out.println("yVar: "+yVar); //复合类型的变量输出
    }
}
```
（4）编译运行 BasicVarB.java，并从窗口下方的 Console 视图查看输出结果。

步骤 2　常量的声明、初始化和输出

（1）打开 Eclipse 平台，按照代码 2-3 在 JavaLab 项目上创建新类 BasicConA。

代码 2-3　BasicConA.java

```
package edu.uibe.java.lab02;

public class BasicConA {

    /**
     * @param args
     */
    public static void main(String[] args) {
        // TODO Auto-generated method stub
        final int XCON;       //基本类型的常量说明
        final String YCON;    //复合类型的变量说明

        XCON = 456;           //基本类型常量赋值初始化
        YCON = new String("Hello World !"); //复合类型常量赋值初始化

        System.out.println(XCON);    //基本类型的常量输出
        System.out.println(YCON);    //复合类型的常量输出
    }
}
```

（2）如步骤 1 编译运行 BasicConA.java，并从窗口下方的 Console 视图查看输出结果。

（3）打开 Eclipse 平台，在 JavaLab 项目上创建新类 BasicConB（见代码 2-4），在 BasicConA.java 基础上修改程序，在声明时同时初始化常量。注意下划线部分。

代码 2-4　BasicConB.java

```
package edu.uibe.java.lab02;
```

```java
public class BasicConB {

    /**
     * @param args
     */
    public static void main(String[] args) {
        // TODO Auto-generated method stub
        final int XCON = 100;       //基本类型的常量声明及初始化
        final String YCON = "Morning";  //复合类型的常量声明及初始化

        XCON = 456;         //基本类型常量第二次赋值
        YCON = new String("Hello World !");//复合类型常量第二次赋值

        System.out.println(XCON);    //基本类型的常量输出
        System.out.println(YCON);    //复合类型的常量输出
    }
}
```

（4）完成程序修改后注意编辑器左边的竖线，在修改后语句的下两行出现了错误标记，见图2-2。理解常量只能赋值一次，不能多次赋值。

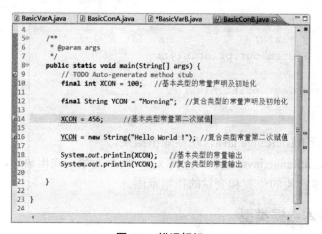

图 2-2　错误标记

（5）编译运行 BasicConB.java，从 Console 视图可以看到相关出错信息。

```
Exception in thread "main" java.lang.Error: Unresolved compilation problems:
    The final local variable XCON cannot be assigned. It must be blank and
    not using a compound assignment
    The final local variable YCON cannot be assigned. It must be blank and
```

```
not using a compound assignment
    at edu.uibe.java.lab02.BasicConB.main(BasicConB.java:14)
```

步骤3　变量和常量的作用范围

（1）打开 Eclipse 平台，在 JavaLab 项目上创建新类 BasicRange，在 main 方法中声明两个变量，其中 y 变量在复合语句中声明，见代码 2-5。

代码 2-5　BasicRange.java

```java
package edu.uibe.java.lab02;

public class BasicRange{
    /**
     * @param args
     */
    public static void main(String[] args) {
        // TODO Auto-generated method stub

        int x = 100;

        //复合语句
        {
            int y;
            y = x+x;
            System.out.println(y);
        }
        System.out.println(x);
    }
}
```

（2）编译运行 BasicRange.java，观察输出结果。

（3）修改 BasicRange.java 程序，交换 x、y 两个变量的输出语句，观察编辑器有什么变化，理解变量声明的位置和变量的作用范围。

实验2　基本数据类型

➤ 实验目的

（1）复习 Java 程序的基本结构。
（2）掌握 Java 中各种基本数据类型。
（3）熟悉包装类的使用。
（4）掌握 Java 基本数据类型的转换。

（5）熟悉 Eclipse 编辑工具和各视图的使用。
> 课时要求

1 课时

> 实验内容

（1）在 Java 程序中声明所有基本数据类型的变量，赋值并输出。
（2）在 Java 程序中进行基本数据类型的自动转换和强制转换操作。

> 实验要求

（1）在 Eclipse 平台上创建一个新类，在类中定义所有基本数据类型的变量各两个，分别赋给最大值和最小值，并按"Type: typename – MaxValue: value"格式，例如"Type: short – MaxValue:"输出。

（2）在 Eclipse 平台上创建新类，分别将 short 类型和 double 类型变量的值转换成其他类型输出。

> 实验步骤

步骤 1　使用基本数据类型

（1）打开 Eclipse 平台，在 JavaLab 项目上创建新类 BasicType，见代码 2-6。

代码 2-6　BasicType.java

```java
package edu.uibe.java.lab02;
public class BasicType {
    /**
     * @param args
     */
    public static void main(String[] args) {
        // TODO Auto-generated method stub

        // java 所有基本数据类型变量声明
        byte bMax, bMin;
        short sMax, sMin;
        int iMax, iMin;
        long lMax, lMin;

        float fMax, fMin;
        double dMax, dMin;

        char cMax, cMin;
        boolean boolMax, boolMin;
```

```java
// 使用 java 的包装类取出基本数据类型变量的最大值最小值
bMax = Byte.MAX_VALUE;
bMin = Byte.MIN_VALUE;

sMax = Short.MAX_VALUE;
sMin = Short.MIN_VALUE;

iMax = Integer.MAX_VALUE;
iMin = Integer.MIN_VALUE;

lMax = Long.MAX_VALUE;
lMin = Long.MIN_VALUE;

fMax = Float.MAX_VALUE;
fMin = Float.MIN_VALUE;

dMax = Double.MAX_VALUE;
dMin = Double.MIN_VALUE;

cMax = Character.MAX_VALUE;
cMin = Character.MIN_VALUE;

boolMax = Boolean.TRUE;
boolMin = Boolean.FALSE;

//按格式输出基本数据类型变量的值
System.out.println("Type: byte - MaxValue: " + bMax);
System.out.println("Type: byte - MinValue: " + bMin);
System.out.println("Type: short - MaxValue: " + sMax);
System.out.println("Type: short - MinValue: " + sMin);
System.out.println("Type: int - MaxValue: " + iMax);
System.out.println("Type: int - MinValue: " + iMin);
System.out.println("Type: long - MaxValue: " + lMax);
System.out.println("Type: long - MinValue: " + lMin);
System.out.println("Type: float - MaxValue: " + fMax);
System.out.println("Type: float - MinValue: " + fMin);
System.out.println("Type: double - MaxValue: " + dMax);
System.out.println("Type: double - MinValue: " + dMin);
System.out.println("Type: char - MaxValue: " + cMax);
```

```java
        System.out.println("Type: char - MinValue: " + cMin);
        System.out.println("Type: boolean - MaxValue: " + boolMax);
        System.out.println("Type: boolean - MinValue: " + boolMin);
    }
}
```
（2）编译运行 BasicType.java 程序，观察运行结果，了解个基本类型的取值范围。

步骤 2　基本数据类型转换

（1）打开 Eclipse 平台，在 JavaLab 项目上创建新类 TypeExA，理解基本数据类型的自动转换，见代码 2-7。

代码 2-7　TypeExA.java

```java
package edu.uibe.java.lab02;

public class TypeExA {

    /**
     * @param args
     */
    public static void main(String[] args) {
        // TODO Auto-generated method stub
        byte bVar;
        short sVar = 100;
        int iVar;
        long lVar;

        float fVar;
        double dVar;

        char cVar;
        boolean boolVar;

        //通过赋值将 short 类型变量的值转换为其他类型的值
        iVar = sVar;
        lVar = sVar;
        fVar = sVar;
        dVar = sVar;

        //按格式输出转换后其他类型的值
        System.out.println("Type: short value: " + iVar);
```

```java
        System.out.println("Type: short -> int: " + iVar);
        System.out.println("Type: short -> long: " + lVar);
        System.out.println("Type: short -> float: " + fVar);
        System.out.println("Type: short -> double: " + dVar);
    }
}
```

（2）编译运行 TypeExA.java 文件，观察结果，可知 short 类型可以自动转换成 int、long、float、double 类型的数据。

（3）在 TypeExA.java 文件中增加几条语句，将 short 类型变量的值赋给其余基本类型的变量，观察 Java 编辑器的变化。

（4）在 JavaLab 项目上创建新类 TypeExB，理解基本类型的强制转换，见代码 2-8。

代码 2-8 TypeExB.java

```java
package edu.uibe.java.lab02;

public class TypeExB {

    /**
     * @param args
     */
    public static void main(String[] args) {
        // TODO Auto-generated method stub
        byte bVar;
        short sVar = 100;
        int iVar;
        long lVar;

        float fVar;
        double dVar = 123.45;

        char cVar;
        boolean boolVar;

        /*
         * 通过强制转换，将 short 类型变量的值
         * 赋值给 byte、char、boolean 类型的变量
         */
        bVar = (byte) sVar;
        cVar = (char) sVar;
```

```
        //通过强制转换,将double类型变量的值赋值给其他类型的变量
        bVar = (byte) dVar;
        sVar = (short) dVar;
        iVar = (int) dVar;
        lVar = (long) dVar;
        fVar = (float) dVar;
        cVar = (char) dVar;

        //按格式输出double类型转换成的其他类型的值
        System.out.println("Type: double value: " + dVar);
        System.out.println("Type: double -> byte: " + fVar);
        System.out.println("Type: double -> short: " + dVar);
        System.out.println("Type: double -> int: " + iVar);
        System.out.println("Type: double -> long: " + lVar);
        System.out.println("Type: double -> float: " + fVar);
        System.out.println("Type: double -> char: " + lVar);
    }
}
```

(5) 编译运行 TypeExB.java 文件,观察结果。

(6) 修改 dVar 的初始化值为 567.89,再次编译运行,将结果与(5)比较,查看 dVar 大于转换类型最大值的情况。

(7) 在 TypeExB.java 中添加代码 2-9 两条语句,查看 Java 编辑器的错误提示。

代码 2-9 强制转换成 boolean 类型的两条语句

```
boolVar = (boolean)sVar;
boolVar = (boolean)dVar;
```

实验 3 Java 基本的输入和输出

> 实验目的

(1) 掌握 Java 各种类型的数据的输入和输出。
(2) 掌握 Java 类库的加载语法。
(3) 熟悉类库 java.io.* 和 java.util.* 的使用。

> 课时要求

1 课时

> 实验内容

(1) 编写接收键盘输入的 Java 程序,并按格式输出。
(2) 把从键盘接收的字符串转换为所需要的数据类型。

➤ 实验要求

(1) 编写一个 Java 程序,命名为 SimpleIOA.java,实现在字符界面下提示 "please input string1:" 后输入字符串,然后再接两次提示和输入,空三行后输出所有输入数据的描述和数据值。

(2) 编写一个 Java 程序,命名为 SimpleIOB.java,实现在字符界面下提示 "please input number1:" 后输入数值,然后再次提示和输入,输出两个数值之和的所有基本类型值。

➤ 实验步骤

步骤 1 字符串输入程序

(1) 打开 Eclipse 平台,在 JavaLab 项目上创建新类 SimpleIOA。

(2) 加载 java.io.*类库,利用 BufferedReader 类实现对输入缓冲区的三次读入,并输出结果。

代码 2-10 SimpleIOA.java

```java
package edu.uibe.java.lab02;

//加载 java 的输入输出类库
import java.io.*;

public class SimpleIOA {
    /**
     * @param args
     */
    public static void main(String[] args) throws IOException {
        // TODO Auto-generated method stub
        BufferedReader buf;
        String str1 = "", str2 = "", str3 = "";

        try {
            //创建输入流,等待键盘输入
            buf = new BufferedReader(new InputStreamReader(System.in));
            System.out.print("Input a string1: ");
            str1 = buf.readLine();   //接收键盘输入

            System.out.print("Input a string2: ");
            str2 = buf.readLine();   //接收键盘输入

            System.out.print("Input a string3: ");
            str3 = buf.readLine();   //接收键盘输入
```

```java
            } catch (IOException e) {
            }

            System.out.println("\n");    //打印2行空行
            System.out.println("String1 is: " + str1);
            System.out.println("String2 is: " + str2);
            System.out.println("String3 is: " + str3);
    }
}
```

(3) 编译运行 SimpleIOA.java 程序，根据提示从键盘输入，观察程序执行结果。

步骤 2　数值输入程序

(1) 打开 Eclipse 平台，在 JavaLab 项目上创建新类 SimpleIOB。

(2) 加载 java.io.* 类库，利用 BufferedReader 类实现对输入缓冲区的两次读入，把读入的字符串转换成 double 类型的数值，并进行求和计算，把计算结果按要求输出，见代码 2-11。

代码 2-11　SimpleIOB.java

```java
public class SimpleIOB {
    /**
     * @param args
     */
    public static void main(String[] args) throws IOException {
        // TODO Auto-generated method stub
        BufferedReader buf;
        String str1 = "", str2 = "";
        double num1 = 0, num2 = 0;

        try {
            //创建输入流，等待键盘输入
            buf = new BufferedReader(new InputStreamReader(System.in));
            System.out.print("Input a string1: ");
            str1 = buf.readLine();   //接收键盘输入

            System.out.print("Input a string2: ");
            str2 = buf.readLine();   //接收键盘输入

            //利用包装类 Double 提供的方法把字符串转换成数值
            num1 = Double.parseDouble(str1);
            num2 = Double.parseDouble(str2);
```

```
        } catch (Exception e) {
        }

        //在输出时,直接将计算结果强制转换成所需的数据类型
        System.out.println("\n");     //打印2行空行
        System.out.println("byte: " +(byte)(num1+num2));
        System.out.println("short: " + (short)(num1+num2));
        System.out.println("int: " + (int)(num1+num2));
        System.out.println("float: " + (float)(num1+num2));
        System.out.println("double: " + (num1+num2));
    }
}
```

(3) 编译运行 SimpleIOB.java 程序,根据提示从键盘输入,观察程序执行结果。

实验4 运算符

➢ 实验目的
(1) 掌握 Java 各种类型的运算符的使用。
(2) 掌握 Java 类库的加载语法。
(3) 熟悉类库 java.util.*中随机数类 Random 的使用。

➢ 课时要求
1 课时

➢ 实验内容
(1) 编写 Java 程序,使用所有的运算符进行计算,并输出结果。
(2) 学习 Java.util.*包中 Random 类的使用,熟悉 Random 类中对于各种数据类型随机数产生的规律。

➢ 实验要求
(1) 编写 Java 程序,随机产生任意三个实数 x、y 和 z,在一个表达式中运用所有的算术运算符,并分行输出其表达式和结果值。
(2) 编写 Java 程序,随机产生任意二个实数 x、y,对 x 和 y 进行所有的关系运算,并输出表达式和结果值;运用关系和布尔运算符编写 x 和 y 同时大于 0.5、有一个大于 0.5、x 不大于 0.5 的表达式,输出表达式和结果值。
(3) 观察给出的例子,体会复合赋值运算符的使用。
(4) 编写 Java 程序,运用条件运算符对产生的随机整数是否大于 60 进行判断,并给出结论。

实验步骤

步骤 1 使用算术运算符

（1）打开 Eclipse 平台，在 JavaLab 项目上创建新类 OperMath。

（2）加载 java.util.*类库，利用 Random 类获取随机 double 类型数值，并赋值给 x、y 和 z 变量，并输出算术表达式和计算结果。例如代码 2-12。

代码 2-12   OperMath.java

```java
package edu.uibe.java.lab02;

//加载包含随机数类的包
import java.util.*;

public class OperMath {

    /**
     * @param args
     */
    public static void main(String[] args) {
    // TODO Auto-generated method stub
        Random rand = new Random(); //声明随机数类的变量 rand，并初始化
        double x,y,z;
        double result;

        //rand 产生 double 类型随机数赋值给 x,y,z
        x = rand.nextDouble();
        y = rand.nextDouble();
        z = rand.nextDouble();

      //使用算术运算符进行计算，把结果赋值给 result
        result = x+y*z/(x-y);

      //打印出 x,y,z 的值、表达式本身和计算结果
        System.out.println(x);
        System.out.println(y);
        System.out.println(z);
        System.out.println("x+y*z/(x-y) = "+result);
    }
}
```

（3）编译 OperMath.java 程序，运行 3 次，观察程序执行结果。

（4）在给变量 result 赋值的算术表达式后添加"++"运算符，语句替换为

"result = x+y*z/(x-y)++",观察编辑器的状态,查看错误信息。

(5)将修改后的语句替换为代码 2-13 后,观察编辑器的状态,编译运行观察程序执行结果。理解++和--运算符的正确使用方法。

代码 2-13　运算符++

```
result = x+y*z/(x-y);
result++;
```

步骤 2　使用关系和布尔运算符

(1)打开 Eclipse 平台,在 JavaLab 项目上创建新类 OperBool。

(2)加载 java.util.*类库,利用 Random 类获取随机 double 类型数值,赋值给 x 和 y 变量,练习使用出关系与布尔运算符,输出表达式和计算结果。例如代码 2-14。

代码 2-14　OperBool.java

```java
package edu.uibe.java.lab02;

import java.util.Random;

public class OperBool {

    /**
     * @param args
     */
    public static void main(String[] args) {
        // TODO Auto-generated method stub
        Random rand = new Random(); // 声明随机数类的变量 rand,并初始化
        double x, y;
        double result;

        // rand 产生 double 类型随机数赋值给 x,y
        x = rand.nextDouble();
        y = rand.nextDouble();

        // 输出 x,y 的值
        System.out.println(x);
        System.out.println(y);

        // 使用关系运算符进行计算,并输出表达式和计算结果
        System.out.println("x>y : " + (x > y));
        System.out.println("x<y : " + (x < y));
```

```java
            System.out.println("x>=y : " + (x >= y));
            System.out.println("x<=y : " + (x <= y));
            System.out.println("x==y : " + (x == y));
            System.out.println("x!=y : " + (x != y));

            // 使用布尔和关系运算符进行计算,并输出表达式和计算结果
            System.out
                    .println("(x>=0.5)&&(y>=0.5) : " + ((x >= 0.5) && (y >= 0.5)));
            System.out
                    .println("(x>=0.5)||(y>=0.5) : " + ((x >= 0.5) || (y >= 0.5)));
            System.out.println("x 不大于 0.5 : " + !(x >= y));
        }
    }
```

(3) 编译运行 OperBool.java 程序,运行 3 次,观察比较每次运行结果,理解关系运算符和布尔运算符的使用。

步骤 3　使用复合赋值运算符

(1) 打开 Eclipse 平台,在 JavaLab 项目上创建新类 OperAssign。

(2) 加载 java.util.*类库,利用 Random 类获取随机 int 类型数值,赋值给 x 和 y 变量,练习使用复合赋值运算符,输出表达式和计算结果。参考代码 2-15。

代码 2-15　OperAssign.java

```java
package edu.uibe.java.lab02;

//加载包含随机数类的包
import java.util.*;

public class OperAssign {

    /**
     * @param args
     */
    public static void main(String[] args) {
        // TODO Auto-generated method stub
        Random rand = new Random(); // 声明随机数类的变量 rand,并初始化
        int x, y, z;

        // rand 产生 int 类型随机数赋值给 x,y,z 打印出赋值结果
        x = rand.nextInt();
        y = rand.nextInt();
```

```java
        z = rand.nextInt();
        System.out.println("x: " + x + " y: " + y + " z: " + z);

        //复合赋值运算符的使用
        z = y = x/y;
        System.out.println("x: " + x + " y: " + y + " z: " + z);

        z = 5 + (y = 6);
        System.out.println("x: " + x + " y: " + y + " z: " + z);

        y-=y*y;
        System.out.println("x: " + x + " y: " + y + " z: " + z);

        z += z -= z * z;
        System.out.println("x: " + x + " y: " + y + " z: " + z);
    }
}
```

（3）编译运行，查看结果。仔细分析代码 2-15 中 "+=" "-=" 和 "=" 后 "=" 的应用，修改程序中的运算符位置或操作数，重新编译运行，观察结果，理解复合赋值运算的规则。

步骤 4　使用条件运算符

（1）打开 Eclipse 平台，在 JavaLab 项目上创建新类 OperCondition。参见代码 2-16。

代码 2-16　OperCondition.java

```java
package edu.uibe.java.lab02;

//加载包含随机数类的包
import java.util.*;

public class OperCondition{
    /**
     * @param args the command line arguments
     */
    public static void main(String[] args) {

        String status = "";
        Random rand = new Random(); //声明随机数类的变量 rand，并初始化
        int grade;
```

```
            //rand 产生一个 0-100 之间的 int 类型随机数
            grade = rand.nextInt(100);

            // 使用条件运算符,判断是否通过
            status = (grade >= 60)?"Passed":"Fail";

            System.out.println(status);
    }
}
```
(2) 编译 OperCondition.java 程序,运行 5 次,观察比较每次运行结果,理解条件运算符的使用。

实验 5　分支语句

➢ 实验目的
(1) 掌握 if-else 语句的使用;
(2) 掌握 switch 语句的使用;
(3) 理解分支控制流程语句在程序逻辑中的运用。

➢ 课时要求
1 课时

➢ 实验内容
(1) 各类运算符和表达式的使用。
(2) 分支控制流程语句的使用。

➢ 实验要求
(1) 编写一个 Java 程序,使用控制结构的 if-else,把输入的百分制分数转换成 AF 等级。
(2) 编写一个 Java 程序,使用控制结构的 switch,把输入的月份数值翻译成英文。

➢ 实验步骤

步骤 1　If-else 语句
(1) 打开 Eclipse 平台,在 JavaLab 项目上创建新类 BranchIf,接收输入分数,利用 if-else 语句完成分数转换。参见代码 2-17。

代码 2-17　BranchIf.java
```
package edu.uibe.java.lab02;

import java.io.*;
```

```java
public class BranchIf {
    /**
     * @param args
     */
    public static void main(String[] args) {
        BufferedReader buf;
        String str = "";
        int score = 0;
        char grade;

        try {
            buf = new BufferedReader(new InputStreamReader(System.in));
            System.out.print("Input a string1: ");
            str = buf.readLine(); // 接收键盘输入
            score = Integer.parseInt(args[0]);

        } catch (Exception e) {
        }

        if (score >= 90)
            grade = 'A';
        else if (score >= 80)
            grade = 'B';
        else if (score >= 70)
            grade = 'C';
        else if (score >= 60)
            grade = 'D';
        else
            grade = 'F';
        System.out.println("Score=" + score + " Grade=" + grade);
    }
}
```

（2）编译运行 BranchIf 程序，根据提示从键盘输入，观察程序执行结果。输入处理范围内或外的数值，输入字符串，重复运行程序，体会 if-else 语句的作用。

步骤 2 switch 语句

（1）打开 Eclipse 平台，在 JavaLab 项目上创建新类 BranchSwitch，实现接收键盘输入，利用 switch 语句对不同数字进行判别，将数字转换为英文月份。参见代码 2-18。

代码 2-18　BranchSwitch.java

```java
package edu.uibe.java.lab02;

import java.io.*;

public class BranchSwitch {
    /**
     * @param args
     */
    public static void main(String[] args) {
        // TODO Auto-generated method stub
        BufferedReader buf;
        String str;
        int num = 0;

        try {
            // 创建输入流，等待键盘输入
            buf = new BufferedReader(new InputStreamReader(System.in));
            System.out.print("Input a month: ");
            str = buf.readLine(); // 接收键盘输入
            num = Integer.parseInt(str); // 将字符串转换成 int 类型的数值
        } catch (Exception e) {
        }

        //根据 switch 对不同 num 的值执行不同的语句
        switch (num) {
        case 1: str = "January"; break;
        case 2:str = "February"; break;
        case 3: str = "March"; break;
        case 4: str = "April"; break;
        case 5: str = "May"; break;
        case 6: str = "June"; break;
        case 7: str = "July"; break;
        case 8: str = "August"; break;
        case 9: str = "September"; break;
        case 10: str = "October"; break;
        case 11: str = "November"; break;
        case 12: str = "December"; break;
        default: str = "Error"; break;
```

```
        }
        System.out.println(str);        //输出翻译结果
    }
}
```

（2）编译运行 BranchSwitch.java 程序，根据提示从键盘输入，观察程序执行结果。输入合法或非法的数值，输入字符串，重复运行程序，体会 switch 语句的作用。

实验 6　循环语句

➢ 实验目的
（1）掌握 for 语句、while 语句和 do-while 语句的使用；
（2）掌握循环流程语句控制技巧。

➢ 课时要求
1 课时

➢ 实验内容
（1）使用 for 语句，打印九九乘法表。
（2）使用 while 语句，打印九九乘法表下半个三角形。

➢ 实验要求
（1）编写一个 Java 程序，使用循环控制结构的 for 语句，打印出九九乘法表的完整矩阵，第一行和第一列打印出 1~9 数字，行和列交叉的位置打印出行列数值的乘积。
（2）编写一个 Java 程序，使用循环控制结构的 while 语句，打印出九九乘法表矩阵的下半个三角形，第一行和第一列打印出 1~9 数字。

➢ 实验步骤
步骤 1　for 循环

（1）打开 Eclipse 平台，在 JavaLab 项目上创建新类 LoopFor，使用 for 循环实现九九乘法表的打印。参见代码 2-19。

代码 2-19　LoopFor.java
```
package edu.uibe.java.lab02;

public class LoopFor {

    /**
     * @param args
     */
    public static void main(String[] args) {
```

```java
        // TODO Auto-generated method stub
        int i,j;
        
        for(i = 1; i<10; i++){
            System.out.print("\t"+i);     //打印第一行的1-9
        }
        
        System.out.println();        //打印换行
        
        for (i = 1; i<10; i++){
            System.out.print(i+"\t");           //打印第一列的1-9
            for(j = 1; j<10; j++){
                System.out.print(i*j+"\t");  //打印行列数值的乘积
            }
            System.out.println();     //打印换行
        }
    }
}
```

（2）编译运行 LoopFor.java 程序，观察程序执行结果。修改 LoopFor.java 程序，使其只打印下半个三角形的数据。

步骤 2　while 循环

（1）打开 Eclipse 平台，在 JavaLab 项目上创建新类 LoopWhile，使用 while 循环实现九九乘法表矩阵的下半个三角区域的打印。参见代码 2-20。

代码 2-20　LoopWhile.java

```java
package edu.uibe.java.lab02;

public class LoopWhile {

    /**
     * @param args
     */
    public static void main(String[] args) {
        // TODO Auto-generated method stub
        int i = 1,j = 1;
        
        while(j<10){
            System.out.print("\t"+j);     //打印第一行的1-9
            j++;        //条件控制变量加1
```

```
        }
        
        System.out.println();//打印换行
        
        while(i<10){
            System.out.print(i+"\t");    //打印第一列的1-9
            
            j=1;      //内循环条件控制变量初始化
            while (j<=i){
                System.out.print(i*j+"\t"); //打印行列数值的乘积
                j++;      //内循环条件控制变量加1
            }
            
            System.out.println();//打印换行
            i++;      //外循环条件控制变量加1
        }
    }
}
```

（2）编译运行 LoopWhile.java 程序，观察程序执行结果。注意 while 循环中几个条件控制变量值的变化，修改 LoopWhile.java 程序，删除其中一个条件控制变量的增量语句，例如"j++;"，再次编译运行，体会在 while 语句正确设置条件控制变量的作用。

（3）使用 do-while 语句改写 LoopWhile.java 程序，编译运行。分析代码，观察两个循环语句实现有什么不同。

（4）比较 for、while 和 do-while 语句的特点和不同，理解各自适用的情况。

实验7 注释

➢ 实验目的

（1）掌握 Java 三种注释的作用，理解 Javadoc 注释的编写语法和控制参数。

（2）掌握在 Eclipse 里生成 Javadoc 的方法。

（3）理解生成 Javadoc 在 Java 编程和 Java 类使用中的作用。

➢ 课时要求

1 课时

➢ 实验内容

编写一个有三种注释的 Java 类，使用 Eclipse 里的 export 工具生成 Javadoc。

➢ 实验要求

编写一个 Java 程序，通过给出程序的作者、版本，了解给程序加注释的方法。

第2章 Java 语言基础

> **实验步骤**

（1）打开 Eclipse 平台，在 JavaLab 项目上创建新类 SimpleDoc，输入代码 2-21，编译运行。

代码 2-21　SimpleDoc.java

```java
package edu.uibe.java.lab02;

/**这是说明类的作者和版本：这个注释会输出到Javadoc
*@author lei qing
 * @version javalab 1.1
 */
public class SimpleDoc {
    /**
     *这一方法在控制平台中打出一个"hello"：这行注释输出到Javadoc文档中
     *@param name
     */
    public void sayHello(String name) {
        /** 在控制台打出 hello：该注释不会输出到Javadoc文档中 */
        System.out.println("hello "+name+" !");
    }

    /**
     * @param args
     */
    public static void main(String[] args) {
        // TODO Auto-generated method stub
        /*
         *主程序没有代码
         */
    }
}
```

（2）单击菜单 File→Export，在 Export 对话框选择 java 目录下的 Javadoc（见图 2-3），单击 Next 按钮。

（3）在 Javadoc Generation 对话框中（见图 2-4），Configure 对应的编辑框中输入 javadoc.exe 的全路径，在对话框下面选择 SimpleDoc.java 文件进行 Javadoc 输出，单击 Finish 按钮。

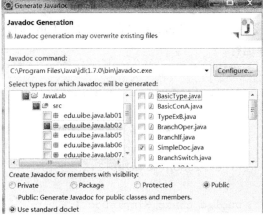

图 2-3 Export 对话框　　　　图 2-4 Javadoc Gerneration 对话框

（4）观察 Console 视图中出现的相关信息，了解 Javadoc 构建的过程。

正在加载源文件 D:\workspace\JavaLab\src\edu\uibe\java\lab02\SimpleDoc.java...
正在构造 Javadoc 信息...
标准 Doclet 版本 1.7.0
正在构建所有程序包和类的树...
正在生成 D:\workspace\JavaLab\doc\edu\uibe\java\lab02\SimpleDoc.html...
正在生成 D:\workspace\JavaLab\doc\edu\uibe\java\lab02\package-frame.html...
正在生成 D:\workspace\JavaLab\doc\edu\uibe\java\lab02\package-summary.html...
正在生成 D:\workspace\JavaLab\doc\edu\uibe\java\lab02\package-tree.html...
正在生成 D:\workspace\JavaLab\doc\constant-values.html...
正在生成 D:\workspace\JavaLab\doc\edu\uibe\java\lab02\class-use\SimpleDoc.html...
正在生成 D:\workspace\JavaLab\doc\edu\uibe\java\lab02\package-use.html...
正在构建所有程序包和类的索引...
正在生成 D:\workspace\JavaLab\doc\overview-tree.html...
正在生成 D:\workspace\JavaLab\doc\index-files\index-1.html...
正在生成 D:\workspace\JavaLab\doc\index-files\index-2.html...
正在生成 D:\workspace\JavaLab\doc\index-files\index-3.html...
正在生成 D:\workspace\JavaLab\doc\deprecated-list.html...
正在构建所有类的索引...
正在生成 D:\workspace\JavaLab\doc\allclasses-frame.html...
正在生成 D:\workspace\JavaLab\doc\allclasses-noframe.html...
正在生成 D:\workspace\JavaLab\doc\index.html...
正在生成 D:\workspace\JavaLab\doc\help-doc.html...

（5）从浏览器打开 D:\workspace\JavaLab\doc 目录下的 index.html，单击页面上的链接，与 SimpleDoc.java 中的注释进行对比，理解 Java 注释的作用。

（6）修改、增减注释在程序中的位置，理解 Javadoc 注释的正确编写方法。

2.3 小　　结

本章共提供了 7 个实验，通过这些实验的练习，学生能够掌握 Java 语言的语法基础，包括：变量和常量的定义和使用，基本数据类型的使用和类型的转换方法，Java 的基本输入输出功能，程序控制流程语句的使用，以及注释的使用和 Javadoc 的生成方法。

第 3 章

类 和 对 象

通过本章的实验，理解面向对象程序设计的概念，理解抽象的概念，理解现实问题与 Java 类的描述相互之间的关系，掌握使用类描述事物属性和功能的方法，掌握 Java 类的定义、初始化、访问控制语法，掌握对象的创建和使用语法。

3.1 知识要点

3.1.1 面向对象程序设计概念

面向对象程序设计是将数据及数据的操作封装在一起，成为一个不可分割的整体，同时将具有相同特征的对象抽象成为一种新的数据类型——类。面向对象程序的基本组成单位就是类。程序在运行时由类生成对象，对象之间通过发送消息进行通信，相互协助完成相应的功能。对象是面向对象程序的核心。

现实世界中万物皆对象，都具有各自的属性，对外界都呈现各自的行为。程序中对象都具有标识、属性和行为，通过一个或多个变量来保存其状态，通过方法实现它的行为。将属性及行为相同或相似的对象归为一类可以看成是对象的抽象，代表了此类对象所具有的共有属性和行为。在面向对象的程序设计中，每一个对象都属于某个特定的类。

面向对象程序设计涉及的主要概念有抽象、封装、继承、多态。

3.1.2 类和对象

> 类的定义

类是 Java 中的一种重要的复合数据类型，它封装了一类对象的变量和方法，创建一个新的类，就是创建一个新的数据类型。

语法格式：

```
[public] [abstract|final]
class 类名 [extends 父类名] [implements 接口名1,接口名2,...]{
类变量声明;
类方法声明;
}
```

> 对象的创建和使用

对象的创建和使用包括三个步骤：变量声明、对象初始化以及使用对象。

（1）变量声明。

语法格式：

```
类名 对象名1[,对象名2,对象名3, ... ];
```

例如:Car myCar1; Student str;

这一步仅是声明了变量名称，用于表示对象，没有为变量分配内存空间，对象还没有在内存中存在。

（2）对象初始化。

语法格式：

```
对象名=new 类名([参数列表]);
```

Java中通过new运算符为对象分配空间，按照类的定义，分配存放属性和存储方法代码的空间。其分配是动态分配，返回一个地址的引用。这个过程称为对象的初始化。

参数列表是用来初始化对象属性的；类名后边的圆括弧不能省略，即使没有参数列表也不能省略，其表示调用类的构造方法。

对象声明和初始化也可以一步完成，语法格式如下：。

```
类名 对象名=new 类名([参数列表]);
```

例如：Student stu = new Student();

（3）对象的使用。

使用对象也就是通过对象来调用类中定义的方法和属性。对象名与方法之间的"."，代表调用。语法格式：

```
对象名.成员
```

其中成员包括属性和方法，对象成员的调用要受到定义时的访问控制符的限制。例如：

```
Student stu=new Student);
// ClassName 类定义中包含有一个 setName(String name)
stu.setName("Tom");
//通过对象名调用（引用）对象中的方法 getX()
```

类中的静态成员可以直接通过类名来调用。

> **类成员变量的定义**

Java 类的类成员变量表示对象的属性和状态。成员变量定义时必须给出所属的类型和变量名，同时还可以指定其他特性。语法格式：

[public | protected | private][static]
[final][transient][volatile] 变量数据类型 变量名1
[=变量初值]，变量名2[=变量初值]，… ；

Java 类的类成员变量包括实例变量和静态变量。

> **类成员方法的定义**

Java 类的类成员方法表示对象的动作、功能和属性改变的操作。成员方法定义时必须给出返回类型、方法名和参数列表，同时还定义其他部分。语法格式：

[public | protected | private]
[static][final] [abstract] [native][synchronized]
返回类型 方法名([参数列表]) [throws exceptionList]
{
　　　方法体
}

Java 类的类成员方法包括实例方法和静态方法。静态方法中不可以直接调用实例变量和实例方法。实例方法无此限制。

> **访问控制符**

在 Java 语言中访问控制权限有四种，使用三个关键字进行表达，依次如下：

（1）public——公共的；

（2）protected——受保护的；

（3）无访问控制符——默认的；

（4）private——私有的。

在实际使用中，类声明的访问控制符只有 2 个：public 和无访问控制符，见表 3-1。

表 3-1　　　　　　　类访问控制符与访问能力之间的关系

可见/访问性	同一包中的类	不同包中的类
public	yes	yes
默认的	yes	no

说明：在该表中，yes 代表具备对应的权限，no 代表不具备对应的权限。

属性声明、构造方法声明和方法声明的访问控制符可以是以上四种的任何一个。这四个访问控制符的权限作用如表 3-2 所示。

表 3-2　　　　　　　　　类成员访问控制符与访问能力之间的关系

可见/访问性	同一类中	同一包中	不同包中	同一包子类中	不同包子类中
public	yes	yes	yes	yes	yes
protected	yes	yes	no	yes	yes
默认的	yes	yes	no	yes	no
private	yes	no	no	no	no

通过将属性的访问权限设定为 private，限制所有类外部对属性的访问，而为了让外部可以访问这些属性，专门声明对应的 get、set 方法来读取/存储数据。

3.1.3　内部类

在 Java 语言中，有一种类叫做内部类(inner class)，也称为嵌入类(nested class)，它定义在其他类的内部。内部类作为其外部类的一个成员，与其他成员一样，可以直接访问其外部类的数据和方法。

3.1.4　对象的初始化和清除

> **构造方法**

构造方法是类中一种特殊的方法，由系统在创建对象（即类实例化）时自动调用。构造方法是对象中第一个被执行的方法，主要用于申请内存、对类的成员变量进行初始化等操作。

语法格式：

```
[public | protected | private]
方法名([参数列表]) [throws exceptionList]
{
    方法体
}
```

若类定义中没有显式定义任何构造方法，系统会为类自动增加一个无参的、方法体为空的默认构造方法，属性被初始化为类型的默认值。若类定义中定义了构造方法，则类只能有所定义的构造方法。

> **对象的初始化过程**

对象的初始化（initialization）其实包含两部分：类的初始化、对象的创建。在第一次使用某个类时，需要先进行类的初始化。对象的初始化包括 7 个步骤：

（1）基类加载，static 变量和 static 代码块初始化；

（2）子类加载，static 变量和 static 代码块初始化；

（3）创建对象，给对象的方法执行分配空间，给对象中的变量按类型分配空间，基础类型被设置为默认值，对象被设为 null；

（4）子类的构造方法被调用；

（5）基类的构造方法被调用；

（6）基类的实例变量按次序初始化；

（7）子类的实例变量按次序初始化。

> 对象的清除

在清除对象时，由系统自动进行内存回收，不需要用户额外处理。

3.1.5 包

> 包的定义

Java 语言使用 package 定义包，用来说明某段程序的路径结构。语法格式：

```
package 包名
```

例如，package cn.edu.uibe.java 表示当前的工作空间或 jar 包中，类路径应该是 cn/edu/uibe/java。

> 包的使用

Java 语言使用 import 语句导入一个特定的类或者整个包。语法格式：

```
import static   包名.类名.*;
```

或

```
import static 包名.类名.类变量的名字;
import static 包名.类名.类方法的名字;
```

3.2 实　　验

除特别说明之外，本章的实验所定义的类都放在包 edu.uibe.java.lab03 内，在创建新类时，在 New Java Class 对话框的 package 文本框中填写 edu.uibe.java.lab03。

实验 1 类的定义与使用

> 实验目的

（1）理解面向对象编程的基本思想。

（2）掌握类与对象的基本概念，掌握 Java 类定义语法。

（3）理解封装与抽象，以及封装的实现。

> **课时要求**

1 课时

> **实验内容**

（1）编写一个最简单的 Java 类。
（2）编写一个有属性和方法的 Java 类。
（3）使用自定义的类作为复合数据类型使用。

> **实验要求**

（1）定义一个最简单的类 Bird，描述鸟这一类对象。定义一个最简单的类 Light，描述灯这一类对象。

（2）给 Light 类增加成员变量的定义，描述有关灯这一类对象的属性"状态"，增加成员方法的定义"开灯"，描述有关灯这一类对象的操作。增加 Bird 类中成员属性和方法的定义，描述"类别"属性和"飞"的操作。

（3）编写另一个测试类，在 main 方法中把自定义好的类作为复合数据类型定义变量，与其他以前使用过的基本类型作比较。

> **实验步骤**

步骤 1 定义最简单的类

（1）打开 Eclipse 平台，在 JavaLab 项目上创建一个最简单的类 Bird。与前面第 2 章 Java 类的创建有所不同，在 New Java Class 对话框中不选择"public static void main[String args[]"选项，只定义类名，也不定义类实体内容，见代码 3-1。

代码 3-1 Bird.java

```
public class Bird {
}
```

（2）编译 Bird.java 程序，观察编译完的.class 文件，掌握类定义的关键字。修改类名称为 BirdA，查看错误信息，理解类名和文件名之间的关系。

（3）定义一个最简单的类 Email 并进行编译，描述 Email 这一类对象，掌握类定义的语法。

步骤 2 定义有属性和方法的类

（1）打开 Eclipse 平台，在 JavaLab 项目上创建一个简单的类 Light，在 New Java Class 对话框中不选择"public static void main[String args[]"选项，仍定义类名。在类 Light 里定义一个属性"状态"和一个对 Light 的操作"开灯"，属性由成员变量 status 表示，操作由方法 on() 来表示。参见代码 3-2。

代码 3-2 Light.java

```
package edu.uibe.java.lab03;
```

```java
public class Light {
    //定义成员变量status,表示事物的属性
    boolean status = false;

    //定义成员方法on,表示与事物相关的操作
    void on() {
        status = true;
    }
}
```

（2）编译 Light.java，比较 Light 类与第 2 章实验的 Java 程序中变量和方法的区别，理解 main 是 java 类中的一个方法。

（3）在 JavaLab 项目上创建一个新类 LightA，在 Light 类定义的基础上中增加 main 方法，在 main 方法里声明变量 str，并初始化，尝试在 on()中输出变量 str。参见代码 3-3。

代码 3-3 LightA.java

```java
package edu.uibe.java.lab03;

public class LightA {

    //定义成员变量status,表示事物的属性
    boolean status = false;

    //定义成员方法on,表示与事物相关的操作
    void on() {
        status = true;
        System.out.println(str);
    }


    public static void main(String[] args) {

        String str = "Hello !";
    }
}
```

（4）查看错误信息，理解成员变量和方法内部变量的不同。

（5）在 Bird 类的基础上，增加成员属性和方法的定义，描述"类别"属性和"飞"的操作，掌握类定义中类体定义的语法。

（6）在 JavaLab 项目上创建一个新类 Email，定义描述 email 的基本属性，定义判断 email 中是否有查找的字符串的方法 isEmail()。见代码 3-4。

代码 3-4　Email.java

```java
package edu.uibe.java.lab03;

public class Email {
    //定义 email 的属性

    private String srcAddress, dstAddress, title, content;
    private Object attachedObj;

    //判断 email 中是否有查找的字符串，即参数传递的字符串
    public boolean isEmail(String str) {
        if (srcAddress.contains(str) || dstAddress.contains(str)
                || title.contains(str))
            return true;
        else
            return false;
    }
}
```

（7）编译 Email.java，掌握使用 Java 描述事物的方法，理解面向对象的思想。

步骤 3　类的使用

（1）打开 Eclipse 平台，在 JavaLab 项目上创建一个测试类 LightTest，在 New Java Class 对话框中选择 "public static void main[String args[]" 选项，并在 main 主方法使用前面定义好的 Bird 类作为复合数据类型，说明变量。参见代码 3-5。

代码 3-5　BirdTest.java

```java
package edu.uibe.java.lab03;

public class BirdTest {

    public static void main(String[] args) {

        //把 JDK 类库定义的类作为复合数据类型，说明变量
        String str;

        //把定义好的类 Bird 作为复合数据类型，说明变量
        Bird b;
    }
}
```

（2）编译 BirdTest.java，注意 main 中的语句，理解定义类对 Java 程序的作用。

（3）修改 BirdTest.java，在 main 方法中增加另一个变量声明，把自定义好的类 Light 作为其复合数据类型。重新编译 BirdTest.java，理解在同一个 Java 程序中使用多个自定义类作为变量类型，可以与其他以前使用过的基本类型同样使用。

实验 2　对象的创建与使用

> 实验目的

（1）理解面向对象编程的基本思想。
（2）掌握类与对象的基本概念，掌握 Java 对象的创建和使用语法。
（3）对象创建的初始化过程，理解每一个对象都有自己独立的属性值和方法。
（4）理解封装与抽象，以及封装的实现。

> 课时要求

0.5 课时

> 实验内容

（1）编写 Java 类，在程序中创建和使用类本身的对象。
（2）编写 Java 类，创建和使用自己定义的类和已知的其他类的对象。

> 实验要求

（1）定义 LightNew 类，在 Light 类定义基础上，增加程序入口 main 方法。在 main 方法中定义数据类型为类 LightNew 本身的两个变量，使用对象调用成员变量和方法，打印输出修改后的对象成员变量值，掌握创建和使用类本身对象的语法。理解对象的概念。
（2）编写另一个测试类 LightTest，在 main 方法中把自定义好的类作为复合数据类型定义变量，定义数据类型为类 LightNew 的两个变量，使用对象调用成员变量和方法，打印输出修改后的对象成员变量值。
（3）理解类定义的作用，理解 Java 程序对已定义类的使用，理解面向对象程序设计的思想。掌握创建和使用类本身对象的语法。理解对象的概念。

> 实验步骤

步骤 1　创建和使用类本身的对象

（1）打开 Eclipse 平台，在 JavaLab 项目上创建一个类 LightNew，在 New Java Class 对话框中选择"public static void main (String args[])"选项。
（2）在类的 main 方法里声明两个变量，类型为类本身 LightNew。使用 new 初始化变量，创建 LightNew 的对象，并使用变量调用 LightNew 定义的成员变量和方法。见代码 3-6。

代码 3-6　LightNew.java

```
package edu.uibe.java.lab03;
```

```java
public class LightNew {
    //定义成员变量 status，表示事物的属性
    boolean status = false;

    //定义成员方法 on，表示与事物相关的操作
    void on() {
        status = true;
    }
    public static void main(String[] args) {
        //把定义好的类 LightNew 作为复合数据类型，说明变量
        LightNew ln1,ln2;

        //初始化变量 ln1、ln2，使用 new 创建一个对象赋值给 ln2
        ln1 = new LightNew();
        ln2 = new LightNew();

        //使用对象调用变量和方法
        ln1.status = true;   //改变 ln1 成员变量的值,即 ln1 的属性值
        ln1.on();            //调用成员方法，改变 ln1 的属性值

        ln2.status = false;  //改变 ln2 成员变量的值,即 ln2 的属性值

        System.out.println("ln1 : "+ln1.status);     //提取 ln1 成员变量的值
        System.out.println("ln2 : "+ln2.status);     //提取 ln2 成员变量的值
    }
}
```

（3）编译运行 LightNew.java，观察运行结果，理解对象创建的初始化过程，理解对象调用类定义成员变量和方法的语法，理解对象创建的初始化过程。

步骤2 其他类创建和使用已知类的对象

（1）打开 Eclipse 平台，在 JavaLab 项目上创建一个新类 LightTest，在 New Java Class 对话框中选择"public static void main (String args[])"选项。

（2）在类 LightTest 的 main 方法里使用前面定义的 LightNew 类作为数据类型，声明两个变量。使用 new 初始化变量，创建 LightNew 的对象，并使用变量调用 LightNew 定义的成员变量和方法。见代码 3-7。

代码 3-7 LightTest.java

```java
package edu.uibe.java.lab03;

public class LightTest {
```

```java
    public static void main(String[] args) {
        //把定义好的类 Light New 作为复合数据类型,说明变量
        LightNew ln1,ln2;

        //初始化变量 ln1、ln2,使用 new 创建一个对象赋值给 ln1、ln2
        ln1 = new LightNew();
        ln2 = new LightNew();

        //使用对象调用变量和方法
        ln1.status = true;    //改变 ln1 成员变量的值,即 ln1 的属性值
        ln1.on();             //调用成员方法,改变 ln1 的属性值

        ln2.status = false; //改变 ln2 成员变量的值,即 ln2 的属性值

        System.out.println("ln1 : "+ln1.status);    //提取 ln1 成员变量的值
        System.out.println("ln2 : "+ln2.status);    //提取 ln2 成员变量的值
    }
}
```

(3)编译运行 LightTest.java,观察运行结果,比较 LightNew.java 和 LightTest.java 程序代码,理解类定义的作用,理解 Java 程序对已定义类的使用,理解面向对象程序设计的思想。

(4)理解对象创建的初始化过程,理解对象调用类定义成员变量和方法的语法,理解每一个对象都有属于自己的属性值和方法。

实验 3 成员变量的定义和使用

➢ **实验目的**
(1)理解面向对象编程的基本思想。
(2)掌握类与对象的基本概念,掌握 Java 类中成员变量的定义语法。
(3)掌握实例变量和静态变量的定义和使用,以及两种变量的区别。
(4)掌握成员变量的作用范围。
(5)理解封装与抽象,以及封装的实现。

➢ **课时要求**
1 课时

➢ **实验内容**
(1)编写一个 Java 类,定义类的实例变量,描述对象的属性并使用。
(2)编写一个 Java 类和一个测试类,定义类的静态变量,描述类的属性并使用。

（3）编写一个 Java 类，定义类的静态成员变量、实例成员变量和方法中的局部变量并使用。

> 实验要求

（1）创建一个新类 Apple，在类里定义三个实例成员变量，描述其对象的属性"品种"、"颜色"和"重量"。

（2）创建另一个新类 BirdVar，在类里定义三个实例成员变量，描述其对象的属性"品种"、"名字"和"性别"。

（3）定义测试类 BirdVarTest，在其 main 方法中说明 Apple 类型和 BirdVar 类型的多个变量，通过对象修改其成员变量的值，并打印输出。

（4）定义类 ThreeVarTypes，定义类的一个静态成员变量，一个实例成员变量。在实例方法和静态方法里各声明一个局部变量。在每个方法里打印输出三种变量的值，比较变量的作用范围。

> 实验步骤

步骤 1　实例变量的定义和使用

（1）打开 Eclipse 平台，在 JavaLab 项目上创建一个新类 Apple，在类里定义三个实例成员变量 variety、color 和 weight，描述每一个苹果都具有的属性"品种"、"颜色"和"重量"。见代码 3-8。

代码 3-8　Apple.java

```java
package edu.uibe.java.lab03;

public class Apple {
    //定义实例成员变量表达事物的属性，描述苹果的品种、颜色和重量
    String variety;
    String color;
    double weight;
}
```

（2）编译 Apple.java，理解面向对象程序设计中，Java 程序对于事物属性的描述方法，掌握实例成员变量定义的语法和正确位置。

（3）在 JavaLab 项目上创建另一个新类 BirdVar，在类里定义三个实例成员变量 variety、name 和 gender，描述每一只鸟都具有的属性"品种"、"名字"和"性别"。见代码 3-9。

代码 3-9　BirdVar.java

```java
public class BirdVar {
    //定义实例成员变量表达事物的属性，描述鸟的品种、名字和性别
    String variety;
    String name;
```

```
    boolean gender;
}
```

（4）编译 BirdVar.java，理解面向对象程序设计中，Java 程序对于事物属性的描述方法，掌握实例成员变量定义的语法和正确位置。

（5）在 JavaLab 项目上创建一个新类 BirdVarTest，在其 main 方法中说明 BirdVar 类型的多个变量，通过对象修改其成员变量的值，并打印输出，体会通过三个实例成员变量不同的值来描述特征。

步骤 2 静态变量的定义和使用

（1）在 JavaLab 项目上创建一个新类 BirdVarStatic，在类 BirdVar.java 代码基础上，增加一个静态成员变量 sort 的定义，描述所管理的所有对象的大类别。见代码 3-10。

代码 3-10 BirdVarStatic.java

```java
package edu.uibe.java.lab03;

public class BirdVarStatic {
    //定义静态成员变量，即类变量，表达这一类事物的共同属性
    //定义静态变量 sort，描述所有对象的大类别
    static String sort;

    String variety;
    String name;
    boolean gender;


    public static void main(String[] args) {

        //不需要有初始化的对象，也可以用类名称访问类的静态变量
        //通过类名称访问静态变量 sort，修改其值
        BirdVarStatic.sort = "Wild";

        //声明三个 BirdVarStatic 变量 x,y,z
        BirdVarStatic x,y,z;

        //初始化变量 x,y,z，创建对象
        x = new BirdVarStatic();
        y = new BirdVarStatic();
        z = new BirdVarStatic();
```

```java
        //分别输出x,y,z的sort的值
        System.out.println("x:"+x.sort+"  y:"+y.sort+"  z:"+z.sort);

        //通过x修改静态变量sort的值
        x.sort = "Domesticated";

        //分别输出x修改sort后x,y,z的sort的值
        System.out.println("x:"+x.sort+"  y:"+y.sort+"  z:"+z.sort);

        //通过y修改静态变量sort的值
        y.sort = "Unknown";

        //分别输出y修改sort后x,y,z的sort的值
        System.out.println("x:"+x.sort+"  y:"+y.sort+"  z:"+z.sort);

        //通过类名称访问静态变量sort,修改其值
        BirdVarStatic.sort = "Wild";

        //分别输出修改sort后x,y,z的sort的值
        System.out.println("x:"+x.sort+"  y:"+y.sort+"  z:"+z.sort);
    }
}
```

（2）编译运行 BirdVarStatic.java，观察运行结果，把打印输出对照程序代码进行分析，掌握静态变量的访问语法，理解静态变量与实例变量在描述对象时有何不同。

（3）在 BirdVarStatic.java 的 main 方法中最后增加两条语句，直接输出类定义静态变量和实例变量，见代码 3-11。

代码 3-11　成员变量与静态变量

```java
        System.out.println(sort);
        System.out.println(variety);
```

（4）观察编辑器里错误的提示，思考原因。

步骤 3　成员变量的作用范围

（1）在 JavaLab 项目上创建一个新类 ThreeVarTypes。

（2）定义类的静态成员变量和实例成员变量。定义实例方法和静态方法，在方法里声明局部变量。在每个方法里直接输出三种变量的值。见代码 3-12。

代码 3-12　ThreeVarTypes.java

```java
package edu.uibe.java.lab03;
```

```java
public class ThreeVarTypes {
    // 定义静态变量
    static String staticVar = "static variable";

    // 定义实例变量
    String instanceVar = "instance variable";

    //定义实例方法
    void iMethod(){
     //定义实例方法内的局部变量localVar1
        String localVar1 = "local variable";

        //在实例方法中，直接访问三种类型的变量
        System.out.println("staticVar = " + staticVar);
        System.out.println("instanceVar = " + instanceVar);
        System.out.println("localVar = " + localVar1);
        System.out.println("localVar = " + localVar2);
    }


    public static void main(String[] args) {

    //定义静态方法内的局部变量localVar1
        String localVar2 = "local variable";

        //在静态方法中，直接访问三种类型的变量
        System.out.println("staticVar = " + staticVar);
        System.out.println("instanceVar = " + instanceVar);
        System.out.println("localVar = " + localVar1);
        System.out.println("localVar = " + localVar2);
    }
}
```

（3）观察编辑器里的错误提示，理解 main 方法是类的一个静态方法，实例变量不能在静态方法上下文中直接引用，静态变量可以由实例方法和静态方法直接访问，局部变量只作用于方法内部。

（4）理解对象的成员变量在类定义的方法中不需要参数的传递，可以直接使用。

（5）根据变量的正确使用方法，修改编译 ThreeVarTypes.java 程序代码。

实验 4 成员方法的定义和使用

> 实验目的

（1）理解面向对象编程的基本思想。
（2）掌握类与对象的基本概念，掌握 Java 类中成员方法的定义语法。
（3）掌握实例方法和静态方法的定义和使用语法，以及两种方法的区别。
（4）掌握 set 方法、get 方法、toString 方法和 equals 方法的定义和使用语法。
（5）掌握 JDK 类库中类的使用语法。
（6）理解 main 方法是类的一个特殊静态方法，用于程序入口。
（7）理解封装与抽象，以及封装的实现。

> 课时要求

1.5 课时

> 实验内容

（1）编写 Java 类，定义类的实例方法，利用实例方法改变对象的属性。编写一个 Java 类，定义类的实例方法，利用实例方法实现对象的某种功能。理解有关对象操作的抽象概念，掌握实例方法的定义语法。

（2）编写 Java 类，定义类的静态方法，实现度量衡转换功能。理解有关类操作的抽象概念，掌握静态方法的定义语法。

（3）编写 Java 类，使用在类内部使用类定义好的方法。掌握方法在类内部使用的语法。

（4）编写 Java 类，定义和使用 set 方法、get 方法、toString 方法和 equals 方法。理解这些方法的含义和作用，掌握这些方法定义和使用的语法。

（5）编写 Java 类，使用 JDK 类库中的 Calendar 类和 Random 类。掌握使用 JDK 类库中类的语法。

> 实验要求

（1）定义 LightMethod 类，在 Light 类代码的基础上增加实例方法的定义。通过实例方法 on()和 off()，改变类对象的实例变量 status 的值，实现灯开或关的动作，改变灯的状态属性值。

（2）定义类 BirdMethod，在 Bird 类代码的基础上增加实例方法的定义。通过实例方法 move()和 fly()，实现类对象的飞翔和进食动作，实现类对象的功能。

（3）定义类 MeasureChange，在类中用静态方法实现英里与公里的转换、英镑与公斤的转换，并返回转换后的值，实现度量转换的功能。

（4）定义类 LightMethodUse，在 LightMethod 代码的基础上增加实例方法 printStatus() 的定义，打印输出对象的状态，并在方法 on()和 off()中使用 printStatus()替代原有的输出语句。

（5）定义类 BirdMethodMore，在 BirdMethod.java 代码的基础上，增加针对各属性的 set 和 get 方法，分别实现修改某个属性值和获取某个属性值的功能。定义类 BirdtoString，在 BirdMethod.java 代码的基础上，增加 toString()的定义、toString()方法和 equals 方法使用。

（6）编写 Java 类，使用 JDK 类库中的 Calendar 类和 Random 类。掌握使用 JDK 类库中类的语法。

> 实验步骤

步骤 1　利用实例方法改变对象的属性

（1）打开 Eclipse 平台，在 JavaLab 项目上创建一个类 LightMethod，在 New Java Class 对话框中不选择"public static void main (String args[])"选项。

（2）在类 Light.java 代码的基础上，增加实例方法的定义。通过实例方法，改变对象的实例变量的值，实现灯开或关的动作，改变灯的状态。参见代码 3-13。

代码 3-13　LightMethod.java

```java
package edu.uibe.java.lab03;

//此例中类的方法是改变事物的属性，即类成员方法的值
public class LightMethod {
    boolean status = false;

    //定义方法 on()，改变属性，把灯的状态改变成 true,表示开灯
    void on(){
        status = true;
        System.out.println("The light is on now !");
    }

    //定义方法 off()，改变属性，把灯的状态改变成 false,表示关灯
    void off(){
        status = false;
        System.out.println("The light is off now !");
    }
}
```

（3）编译 LightMethod.java，复习类的实例方法的定义语法，理解实例方法对类的对象动作的描述方法，理解实例方法实现对象的状态改变的作用和功能。

（4）理解面向对象程序设计中数据与操作的封装与对象的关系。

步骤 2　利用方法实现对象的功能

（1）打开 Eclipse 平台，在 JavaLab 项目上创建一个类 BirdMethod，在 New Java Class 对话框中不选择"public static void main (String args[])"选项。

（2）在类 BirdVar.java 代码的基础上，增加实例方法的定义。通过实例方法，实现对象的飞翔和进食功能。参见代码 3-14。

代码 3-14　BirdMethod.java

```java
package edu.uibe.java.lab03;

public class BirdMethod {
    String variety;
    String name;
    boolean gender;

    //定义方法 move()，实现 Bird 的一种 fly 功能
    void move(){
        System.out.println("Bird "+ name + "is flying !");
    }

    //定义方法 eat()，实现 Bird 的一种 eat 功能
    void eat(){
        System.out.println("Bird "+ name + "is eating !");
    }

    //定义方法 setName()，改变事物属性的值，即改变 Bird 成员变量 name 的值
    void setName(String str){
        name = str;
    }
}
```

（3）编译 BirdMethod.java，复习类的实例方法的定义语法，理解实例方法描述对象功能的方法。

（4）理解面向对象程序设计中数据与操作的封装与对象的关系。

步骤 3　利用静态方法实现类的功能

（1）打开 Eclipse 平台，在 JavaLab 项目上创建一个类 MeasureChange，实现度量转换的功能。

（2）在类中用静态方法实现英里与公里的转换、英镑与公斤的转换。参见代码 3-15。

代码 3-15　MeasureChange.java

```java
package edu.uibe.java.lab03;
```

```java
public class MeasureChange {
    //将参数传递的英里数转换为公里数
    static double mileToKilometer(double mile){
        double km = mile*1.609344;
        System.out.println(mile+" miles equal to "+ km +" kilometers.");
        return km;
    }

    //将参数传递的公里数转换为英里数
    static double kilometerToMile(double km){
        double mile = km*0.62137119223733;
        System.out.println(km+" kilometers equal to "+mile+" miles.");
        return mile;
    }

    //将参数传递的磅数转换为公斤数
    static double poundToKilogram(double pound){
        double kg = pound*0.45359237;
        System.out.println(pound+" pounds equal to "+kg+" kilograms.");
        return kg;
    }

    //将参数传递的公斤数转换为磅数
    static double kilogramToPound(double kg){
        double pound = kg*2.2046226218488;
        System.out.println(kg+" kilograms equal to "+pound+" pounds.");
        return pound;
    }


    public static void main(String[] args) {

        //直接使用类名调用静态方法，即类方法
        MeasureChange.mileToKilometer(1);
        MeasureChange.kilometerToMile(2);
        MeasureChange.poundToKilogram(3);
        MeasureChange.kilogramToPound(4);
    }
}
```

（3）编译运行 MeasureChange.java，复习类的静态方法的定义语法，理解静态方法实现类的功能的作用，以及使用类静态方法的语法。

（4）理解面向对象程序设计中类实例方法和静态方法的不同，以及适用的不同情况。复习静态变量和实例变量的使用，掌握实例方法和静态方法在 Java 程序中的运用。

步骤 4　使用类本身定义的方法

（1）在 JavaLab 项目上创建一个新类 LightMethodUse，在 New Java Class 对话框中选择"public static void main (String args[])"选项。

（2）在类 LightMethod.java 代码的基础上，增加实例方法 printStatus()的定义，打印输出对象的状态，并在其他实例方法和静态方法中使用 printStatus()输出信息。参见代码3-16。

代码 3-16　LightMethodUse.java

```java
package edu.uibe.java.lab03;

public class LightMethodUse {
    boolean status = false;

    //在实例方法 on()中使用类本身的实例方法 printStatus()
    void on(){
        status = true;
        printStatus();    //使用类本身定义的方法
    }

    //在实例方法 off()中使用类本身的实例方法 printStatus()
    void off(){
        status = false;
        printStatus();    //使用类本身定义的方法
    }

    //定义实例方法 getStatus()，返回灯现在的状态
    boolean getStatus(){
        return status;
    }

    //定义实例方法，打印输出灯现在的状态
    void printStatus(){
        if (status == false){
            System.out.println("The light is off now !");
```

```
        }else{
            System.out.println("The light is on now !");
        }
    }


    public static void main(String[] args) {

        LightMethodUse l = new LightMethodUse();

        //在静态方法中使用实例方法
        l.on();
        l.off();
    }
}
```

（3）编译运行 LightMethodUse.java，仔细阅读代码，注意在实例方法 off()、on()和静态方法 main()中使用类本身的定义的 printStatus()在语法上的不同。

（4）理解类定义的方法不仅可以在 main()中使用，还可以在类定义的其他方法内使用，实现其功能。对象的成员变量在类定义的方法中不需要参数的传递，可以直接使用。

（5）修改 LightMethodUse.java，在 main()中增加语句"printStatus();"，观察 Eclipse 编辑器的变化，查看相关信息。

（6）理解静态方法 main()为什么不能直接使用实例方法 printStatus()，必须通过对象的调用实现实现类的功能的作用。

（7）创建一个测试类，在测试类中使用 LightMethodUse 定义的方法，注意语法，编译运行，观察结果，体会类定义的方法在其他类中的使用。

步骤 5　set、get 方法的定义

（1）在 JavaLab 项目上创建一个新类 BirdMethodMore，在 New Java Class 对话框中选择"public static void main (String args[])"选项。

（2）在 BirdMethod.java 代码的基础上，增加针对各属性的 set 和 get 方法，分别实现修改某个属性值和获取某个属性值的功能。参见代码 3-17。

代码 3-17　BirdMethodMore.java
```
package edu.uibe.java.lab03;

public class BirdMethodMore {
    static final String sort = "Wild";
```

```java
String variety;
String name;
boolean gender;

//定义方法setVariety()，改变对象variety属性值
void setVariety(String str){
    variety = str;
}

//定义方法getVariety()，获取对象的variety属性值
String getVariety(){
    return variety;
}

//定义方法setName()，改变事物属性的值，即改变成员变量name的值
void setName(String str){
    name = str;
}

//定义方法getName()，获取对象的name属性值
String getName(){
    return name;
}

//定义方法setGender()，改变事物属性的值，即改变成员变量gender的值
void setGender(boolean gen){
    gender = gen;
}

//定义方法getGender()，获取对象的gender属性值
boolean getGender(){
    return gender;
}

//定义方法move()，实现对象的一种fly功能
void move(){
    System.out.println("Bird "+ name + "is flying !");
}
```

```
//定义方法eat()，实现对象的一种eat功能
void eat(){
    System.out.println("Bird "+ name + "is eating !");
}


public static void main(String[] args) {

}
}
```

（3）编译BirdMethodMore.java，理解set和get方法的定义规则和作用。

（4）在JavaLab项目上创建一个新类BirdMethodTest，作为BirdMethodMore类的测试类。在New Java Class对话框中选择"public static void main (String args[])"选项。

（5）在BirdMethodTest.java中声明一个BirdMethodMore类的变量，对其进行初始化，调用方法set改变各属性的值，在利用get方法获取各属性的值，并分别在修改前后打印输出属性的值，作为比较。见代码3-18。

代码3-18 BirdMethodTest.java

```
package edu.uibe.java.lab03;

public class BirdMethodTest{

    public static void main(String[] args) {

        BirdMethodMore b = new BirdMethodMore();

        //打印输出对象b的两个属性name和variety的值
        System.out.println(b.getName()+" is "+b.getVariety());

        //使用set方法修改对象b的name、variety和gender的值
        b.setName("lucy");
        b.setVariety("Egrets");
        b.setGender(true);

        //方法move()和eat()获取的值是修改后的name值
        b.move();
        b.eat();

        //打印输出修改后对象b的两个属性name和variety的值
```

```
        System.out.println(b.getName()+" is "+b.getVariety());
    }
}
```

（6）编译运行 BirdMethodTest.java，观察结果，观察 set 和 get 方法的使用效果，理解类中 set 和 get 方法的作用，掌握编写 set 和 get 方法的语法。

（7）观察 BirdMethodTest.java 中对类 BirdMethodMore 方法的使用，理解如何在其他类中使用自定义类。

步骤 6 toString、equals 方法的运用

（1）在 JavaLab 项目上创建一个新类 BirdtoString，在 New Java Class 对话框中选择"public static void main (String args[])"选项。

（2）在 main 方法中定义两个自身类的变量，初始化变量，并给两个对象的属性赋值，然后打印对象。见代码 3-19。

代码 3-19 BirdtoString.java

```java
package edu.uibe.java.lab03;

public class BirdtoString {
    static final String sort = "Wild";

    String variety;
    String name;
    boolean gender;

    void setVariety(String str){
        variety = str;
    }

    String getVariety(){
        return variety;
    }

    void setName(String str){
        name = str;
    }

    String getName(){
        return name;
    }
```

```java
    void setGender(boolean gen){
        gender = gen;
    }
    
    boolean getGender(){
        return gender;
    }
    
    void move(){
        System.out.println("Bird "+ name + " is flying !");
    }
    
    void eat(){
        System.out.println("Bird "+ name + " is eating !");
    }
    
    
    public static void main(String[] args) {
        
        BirdtoString bOne = new BirdtoString();
        BirdtoString bTwo = new BirdtoString();
        
        bOne.setName("lucy");
        bOne.setVariety("Egrets");
        bOne.setGender(false);
        
        bTwo.setName("hurry");
        bTwo.setVariety("Pigeon");
        bTwo.setGender(true);
        
        //输出对象 bOne 和 bTwo 的信息,具体信息由 toString 定义
        System.out.println(bOne);
        System.out.println(bTwo);
    }
}
```
(3) 编译运行 BirdtoString.java,观察类似下面信息的运行结果。可以看到输出了对象所属类型的类名和包名,以及自身的序列号。
```
edu.uibe.java.lab03.BirdtoString@19360e2
edu.uibe.java.lab03.BirdtoString@bdb503
```

（4）在 BirdtoString 类中增加 toString 方法的重写定义，把属性的信息包含在返回的字符串中，见代码 3-20。

代码 3-20 重写 toString()方法

```java
//重写 toString()方法，返回希望输出的信息，例如对象的所有属性信息
public String toString() {
    return "BirdtoString [variety=" + variety + ", name=" + name
        + ", gender=" + gender + "]";
}
```

（5）重新编译运行 BirdtoString.java，观察运行结果。将运行结果与 toString()中的返回值对比。

（6）在 main 中最后增加两条语句，显示调用 toString()方法（见代码 3-21），并修改 toString()的返回内容，再次编译运行 BirdtoString.java，观察运行结果，充分理解 toString()的作用。

代码 3-21 显示调用 toString()

```java
System.out.println(bOne.toString());
System.out.println(bTwo.toString());
```

（7）修改 BirdtoString 类的 main 方法，在其最后增加 equals 方法的使用，对两个对象进行比较，进一步理解如何在类中定义方法和使用方法。见代码 3-22。

代码 3-22 使用 equals()方法

```java
    //使用对象已有的equals方法，比较两个对象是否相同
    boolean isEqual = bOne.equals(bTwo);

    //打印比较结果
    System.out.println(isEqual);
}
```

（8）重新编译运行 BirdtoString.java，观察运行结果，掌握 equals()方法的使用语法。

（9）重新仔细阅读 BirdtoString.java，理解类的成员变量和成员方法如何定义，如何使用。复习 set 方法、get 方法、toString 方法的定义和使用。见代码 3-23。

代码 3-23 BirdtoString.java

```java
package edu.uibe.java.lab03;

public class BirdtoString {
    static final String sort = "Wild";

    String variety;
    String name;
```

```java
    boolean gender;

    //定义方法setVariety()，改变对象variety属性值
    void setVariety(String str){
        variety = str;
    }

    //定义方法getVariety(),获取对象的variety属性值
    String getVariety(){
        return variety;
    }

    //定义方法setName()，改变事物属性的值，即改变成员变量name的值
    void setName(String str){
        name = str;
    }

    //定义方法getName(),获取对象的name属性值
    String getName(){
        return name;
    }

    //定义方法setGender()，改变事物属性的值，即改变成员变量gender的值
    void setGender(boolean gen){
        gender = gen;
    }

    //定义方法getGender(),获取对象的gender属性值
    boolean getGender(){
        return gender;
    }

    //定义方法move()，实现对象的一种fly功能
    void move(){
        System.out.println("Bird "+ name + " is flying !");
    }

    //定义方法eat()，实现对象的一种eat功能
    void eat(){
        System.out.println("Bird "+ name + " is eating !");
```

}

//重写toString()方法，返回希望输出的信息，例如对象的所有属性信息
```java
public String toString() {
    return "BirdtoString [variety=" + variety + ", name=" + name
            + ", gender=" + gender + "]";
}


public static void main(String[] args) {

    BirdtoString bOne = new BirdtoString();
    BirdtoString bTwo = new BirdtoString();

    bOne.setName("lucy");
    bOne.setVariety("Egrets");
    bOne.setGender(false);

    bTwo.setName("hurry");
    bTwo.setVariety("Pigeon");
    bTwo.setGender(true);


    //输出对象bOne 和 bTwo 的信息，具体信息由toString定义
    System.out.println(bOne);
    System.out.println(bTwo);

    //显示调用toString定义
    System.out.println(bOne.toString());
    System.out.println(bTwo.toString());

    //使用对象已有的equals方法，比较两个对象是否相同
    boolean isEqual = bOne.equals(bTwo);

    //打印比较结果
    System.out.println("Same Objects? "+isEqual);
}
}
```

步骤 7 使用 JDK 类库的类定义的方法

(1) 在 JavaLab 项目上创建一个新类 UseClassLibMethod，在 New Java Class 对话框中选择"public static void main (String args[])"选项。

(2) 加载 java.util.*类库，查找 Java API 帮助文档，了解 java.util.*类库中有哪些类。同时通过 Java API 帮助文档了解其他类库的类。

(3) 在 main 方法中分别定义类库中类 Calendar 和类 Random 的一个变量，初始化变量，查找这两个类有哪些可使用的方法，使用这些类定义的几个方法。见代码 3-24。

代码 3-24 UseClassLibMethod.java

```java
package edu.uibe.java.lab03;

import java.util.*;
public class UseClassLibMethod {


    public static void main(String[] args) {

        //声明java.util包中日历类Calendar的变量cal
        Calendar cal = Calendar.getInstance();

        //声明java.util包中日历类Random的变量rand
        Random rand = new Random();

        //调用类Calendar定义的方法getTime获取当前的时间，打印输出
        System.out.println(cal.getTime());

        //调用类Random定义的方法nextInt()获得参数范围内的随机数
        int year = rand.nextInt(3000);
        int month = rand.nextInt(12);
        int date = rand.nextInt(31);

        //调用类Calendar定义的方法set设置当前的日期
        cal.set(year, month, date);

        //调用类Calendar定义的方法getTime获取修改后时间，打印输出
        System.out.println("The story was from " + cal.getTime());

    }
}
```

(4) 编译运行 UseClassLibMethod.java，观察运行结果，掌握使用 Java 类库中类的使用方法，熟悉使用 Java API 帮助查找如何使用类库中类和方法。

实验 5　构造方法

➢ 实验目的
(1) 理解面向对象编程的基本思想。
(2) 掌握类与对象的基本概念，掌握 Java 类中构造方法的定义语法和结构。
(3) 理解构造方法与对象初始化的关系，掌握通过构造方法初始化对象的方法。
(4) 理解封装与抽象，以及封装的实现。

➢ 课时要求
1 课时

➢ 实验内容
(1) 编写 Java 类，实现其构造方法的定义，并用于对象的初始化。
(2) 编写 Java 类，实现其构造方法的重载，并用于对象的初始化。

➢ 实验要求
(1) 定义类 AppleNew，在 Apple.java 代码的基础上，增加最简单的无参构造方法定义。编译后在无参构造方法中添加成员变量的初始化赋值。定义测试类 AppleTest，创建 AppleNew 的对象，打印输出对象的属性值，观察修改类 AppleNew 前后的运行结果的区别。

(2) 定义类 LightConstructor，在 LightMethodUse.java 代码的基础上，增加有参构造方法的定义，通过参数把值传递给成员变量，进行对象初始化。在 main 方法中，使用有参的构造方法初始化对象，分别给两个构造方法参数不同的值，打印输出对象的属性值。

➢ 实验步骤

步骤 1　构造方法的定义和使用
(1) 在 JavaLab 项目上创建一个新类 AppleNew，定义最简单的无参构造方法。见代码 3-25。注意构造方法的方法名须与类名相同，注意没有返回值。

代码 3-25　AppleNew.java

```java
package edu.uibe.java.lab03;

public class AppleNew {
    String variety;
    String color;
    double weight;
```

```
    //无参的构造方法
    public AppleNew(){
    }
}
```
（2）在 JavaLab 项目上定义测试类 AppleTest，创建 AppleNew 的对象，打印输出对象的属性值。

（3）编译 AppleNew.java 和 AppleTest.java，运行 AppleTest.java，观察运行结果。

（4）修改 AppleNew 类，在无参构造方法中添加成员变量的初始化赋值。见代码 3-26。

代码 3-26 AppleNew.java
```
public class AppleNew {
    String variety;
    String color;
    double weight;

    //无参的构造方法
    public AppleNew(){
        variety = "guoguang";
        color = "red";
        weight = 0.3;
    }
}
```
（5）编译修改后的 AppleNew 类，编译 AppleTest.java，运行 AppleTest.java，观察运行结果。与修改前的运行结果比较，理解在使用"new AppleNew()"语句创建对象时，系统调用构造方法内的代码，实现了对三个成员变量的初始化赋值。

（6）在 JavaLab 项目上创建一个新类 LightConstructor。

（7）在 LightMethodUse.java 程序代码的基础上，定义一个带参数的构造方法，在构造方法中实现对象的初始化。见代码 3-27。

代码 3-27 LightConstructor.java
```
package edu.uibe.java.lab03;

public class LightConstructor {
    boolean status;
    String location;

    // 有参数的构造方法，把参数值传递给成员变量，初始化
    public LightConstructor(boolean x, String str) {
```

```java
        status = x;
        location = str;
    }

    void on() {
        status = true;
        printStatus();
    }

    void off() {
        status = false;
        printStatus();
    }

    boolean getStatus() {
        return status;
    }

    void printStatus() {
        if (status == false) {
            System.out.println(location + ": The light is off now !");
        } else {
            System.out.println(location + ": The light is on now !");
        }
    }


    public static void main(String[] args) {

        // 使用 new 调用构造方法
        // 使用有参的构造方法初始化对象,分别给两个构造方法参数不同的值
        LightConstructor lc1 = new LightConstructor(true, "Corridor");
        LightConstructor lc2 = new LightConstructor(false, "Room");

        // 调用 LightConstructor 的方法 printStatus(),打印输出各对象的状态
        lc1.printStatus();
        lc2.printStatus();
    }
}
```

（8）编译运行 LightConstructor.java，观察运行结果，对照构造方法的代码、创建对象的语句和打印输出的对象的属性值，理解构造方法对对象属性的初始化过程。

（9）在 main 方法的最后添加 2 条语句，模仿以前的初始化方法，声明 LightConstructor 类的另一个变量，创建对象时不提供参数（见代码 3-28）。观察 Eclipse 编辑器给出的信息。

代码 3-28 初始化 LightConstructor 变量

```
//使用无参的构造方法
LightConstructor lc3;
l3 = new LightConstructor();
```

（10）理解类没有构造方法显式定义时，系统默认定义无参构造方法。如果类已经定义了构造方法，无参的构造方法必须显式定义。

（11）掌握构造方法的定义语法和特点。

步骤 2　构造方法的重载

（1）在 JavaLab 项目上创建一个新类 LightOverloading。

（2）在 LightConstructor.java 程序代码的基础上，增加一个无参的构造方法和带一个参数的构造方法，在构造方法中实现对象的不同初始化。见代码 3-29。

代码 3-29 LightOverloading.java

```java
package edu.uibe.java.lab03;

public class LightOverloading {
    boolean status;
    String location;

    // 无参的构造方法，把默认值赋给成员变量，初始化
    public LightOverloading() {
        status = false;
        location = "unknown";
    }

    // 有一个参数的构造方法，把参数值传递给成员变量，初始化
    public LightOverloading(boolean x) {
        status = x;
        location = "unknown";
    }

    // 有二个参数的构造方法，把参数值传递给成员变量，初始化
    public LightOverloading(boolean x, String str) {
        status = x;
```

```java
        location = str;
    }

    void on() {
        status = true;
        printStatus();
    }

    void off() {
        status = false;
        printStatus();
    }

    boolean getStatus() {
        return status;
    }

    void printStatus() {
        if (status == false) {
            System.out.println(location + ": The light is off now !");
        } else {
            System.out.println(location + ": The light is on now !");
        }
    }

    public static void main(String[] args) {

        // 使用 new 调用构造方法
        // 使用有参的构造方法初始化对象,分别给两个构造方法参数不同的值
        LightOverloading lc1 = new LightOverloading(true, "Corridor");
        LightOverloading lc2 = new LightOverloading(false);

        // 调用 LightOverloading 的方法 printStatus(),打印输出各对象的状态
        lc1.printStatus();
        lc2.printStatus();

        //使用无参的构造方法
        LightOverloading lc3;
```

```
        lc3 = new LightOverloading();
        lc2.printStatus();
    }
}
```

(3) 编译运行 LightOverloading.java,观察运行结果,对照构造方法的代码、创建对象的语句和打印输出的对象的属性值,理解构造方法对对象属性的初始化过程,理解创建对象调用时提供的参数与定义的构造方法之间的关系。

(4) 修改 AppleNew.java,增加有参的构造方法。

代码 3-30 AppleNew.java

```java
package edu.uibe.java.lab03;

public class AppleNew {
    String variety;
    String color;
    String origin;
    double weight;

    //无参的构造方法
    public AppleNew(){
        variety = "guoguang";
        color = "red";
        weight = 0.3;
    }
    //有参的构造方法
    public AppleNew(String var, String col){
        variety = var;
        color = col;
        weight = 0.3;
        origin ="china";
    }
    //有参的构造方法
    public AppleNew(String var, String or){
        variety = var;
        color = "red";
        weight = 0.3;
        origin = or;
    }
}
```

（5）查看 Eclipse 编辑器提供的出错信息，理解构造方法重载时如何利用参数的类型和数量来区分不同构造方法。

（6）掌握构造方法重载的语法。

实验 6 this 的使用

> 实验目的

（1）理解面向对象编程的基本思想。

（2）掌握类与对象的基本概念，掌握 this 的使用语法。

（3）理解封装与抽象，以及封装的实现。

> 课时要求

0.5 课时

> 实验内容

（1）编写 Java 类，在构造方法和成员方法中使用 this 指代对象本身，调用自己的变量和方法。

（2）编写 Java 类，在构造方法中使用 this 调用类的构造方法。

> 实验要求

（1）定义类 BirdThisA，在类中定义不同的构造方法，在构造方法中使用 this 指代本对象，区分名称相同的参数和成员变量。在类定义的其他方法中也使用 this 指代本对象，访问自身的成员变量。在 main 方法中分别使用不同的构造方法创建一个对象，打印输出对象的信息。

（2）定义类 BirdThisB，在类中定义不同的构造方法，在构造方法中使用 this 调用其他构造方法，间接初始化成员变量。在 main 方法中分别使用不同的构造方法创建一个对象，打印输出对象的信息。

（3）创建新类 LightA 和 LightB 类，模仿 BirdThisA 和 BirdThisB 使用 this 访问对象本身的属性和方法，使用 this 调用本身的构造方法。

> 实验步骤

步骤 1 使用 this 指代本对象

（1）打开 Eclipse 平台，在 JavaLab 项目上创建一个新类 BirdThisA。

（2）在类中定义不同的构造方法，使用 this 指代本对象，区分名称相同的参数和成员变量。见代码 3-31。

代码 3-31 BirdThisA.java

```
package edu.uibe.java.lab03;
```

```java
public class BirdThisA{
    String variety;
    String name;
    boolean gender;

    //使用this指代本对象，区分名称相同的参数和成员变量
    public BirdThisA(){
        this.variety = "Bird";
        this.name = "unknown";
        this.gender = true;
    }

    //使用this指代本对象，区分名称相同的参数和成员变量
    public BirdThisA(String variety, boolean gender){
        this.variety = variety;
        this.name = "unknown";
        this.gender = gender;
    }

    //使用this指代本对象，区分名称相同的参数和成员变量
    public BirdThisA(String variety, String name, boolean gender){
        this.variety = variety;
        this.name = name;
        this.gender = gender;
    }

    void move(){
        System.out.println(variety+" "+ this.name + " is flying !");
    }

    void eat(){
        System.out.println(variety+" "+ this.name + " is eating !");
    }

    void setName(String str){
        this.name = str;
    }

    public String toString(){
```

```java
        String sex;
        if (this.gender == true) sex = "male";
            else sex = "female";
        return this.variety+" "+this.name+" is "+sex;
    }


    public static void main(String[] args) {

        BirdThisA x = new BirdThisA();
        BirdThisA y = new BirdThisA("Parrot",false);
        BirdThisA z = new BirdThisA("Peacock","lala",false);

        x.setName("coco");
        x.move();
        y.setName("mimi");
        y.eat();
        System.out.println(z);

    }
}
```

（3）编译运行 BirdThisA.java，观察运行结果。

（4）仔细阅读程序代码，理解参数变量和成员变量的区别。通过比较两个对象的初始化结果，理解"this.成员变量"指代的是什么。

（5）掌握使用 this 访问成员变量的语法和适当环境。

步骤 2 使用 this 调用其他的构造方法

（1）打开 Eclipse 平台，在 JavaLab 项目上创建一个新类 BirdThisB。

（2）在类中定义不同的构造方法，在构造方法中使用 this 调用其他构造方法，间接初始化成员变量。代码 3-32。

代码 3-32 BirdThisB.java

```java
package edu.uibe.java.lab03;

public class BirdThisB {
    String variety;
    String name;
    boolean gender;
```

```java
// 构造方法中使用this调用其他的构造方法，参数使用默认的值
public BirdThisB() {
    this("Bird", "unknown", true);
}

// 构造方法中使用this调用其他的构造方法
public BirdThisB(String variety, boolean gender) {
    this(variety, "unknown", gender);
}

// 使用this指代本对象，区分名称相同的参数和成员变量
public BirdThisB(String variety, String name, boolean gender) {
    this.variety = variety;
    this.name = name;
    this.gender = gender;
}

void move() {
    System.out.println(variety + " " + name + " is flying !");
}

void eat() {
    System.out.println(variety + " " + name + " is eating !");
}

void setName(String str) {
    name = str;
}

public String toString() {
    String sex;
    if (gender == true)
        sex = "male";
    else
        sex = "female";
    return variety + " " + name + " is " + sex;
}
```

```java
public static void main(String[] args) {
    //使用 BirdThis 的不同构造方法创建 3 个对象
    BirdThisB x = new BirdThisB();
    BirdThisB y = new BirdThisB("Parrot", false);
    BirdThisB z = new BirdThisB("Peacock", "lala", false);

    // 用对象调用类的方法，实现功能
    x.setName("coco");
    x.move();
    y.setName("mimi");
    y.eat();
    System.out.println(z);
    }
}
```

（3）编译运行 BirdThisB.java，观察运行结果。

（4）仔细阅读程序代码，熟悉 this 调用构造方法的语法，理解 this 调用构造方法的过程。观察三个不同构造方法的初始化方式，理解使用 this 调用构造方法的环境。

（5）修改 BirdThisB.java，使用代码 3-33 替代原来的无参构造方法。查看 Eclipse 的编辑器提示的错误信息。

代码 3-33 this 的位置

```java
public BirdThisB() {
    this.name = "unknown";
    this("Bird", true);
}
```

（6）交换 public BirdThisB()中两条语句的位置，查看 Eclipse 的编辑器，理解 this 调用的语法限制。

（7）在 JavaLab 项目上创建新类 LightA 和 LightB 类，模仿 BirdThisA 和 BirdThisB 使用 this 访问对象本身的属性和方法，使用 this 调用本身的构造方法。

（8）掌握使用 this 访问成员变量的语法和适当环境。

实验 7　内部类

➢ 实验目的

（1）理解面向对象编程的基本思想。
（2）掌握类与对象的基本概念，掌握内部类的使用语法。
（3）理解封装与抽象，以及封装的实现。

> **课时要求**

0.5 课时

> **实验内容**

(1) 编写 Java 类，在类内部定义一个内部类。
(2) 编写 Java 类，使用自定义的内部类。

> **实验要求**

(1) 定义类 OuterClass，在类里定义一个成员变量 OuterData，一个内部类 InnerClass。内部类 InnerClass 定义一个成员变量 inData 和一个成员方法 method()，成员方法输出外部和内部所有的变量。

(2) 定义类 OutInUse 类，在 main 方法中创建 OuterClass 和 InnerClass 的对象，并通过其对象访问所有的变量和方法。

> **实验步骤**

步骤 1　定义一个含有内部类的类

(1) 打开 Eclipse 平台，在 JavaLab 项目上创建一个新类 OuterClass，定义一个成员变量 OuterData，一个内部类 InnerClass。

(2) 内部类 InnerClass 定义一个成员变量 inData 和一个成员方法 method()，成员方法输出外部和内部所有的变量。代码 3-34。

代码 3-34 OuterClass.java

```java
package edu.uibe.java.lab03;

public class OuterClass {
    // 定义一个外部类的实例变量
    int outData = 5;

    // 定义一个内部类
    class InnerClass {
        // 定义一个内部类的实例变量
        int inData = 10;

        // 定义一个内部类的实例方法，同时输出外部类数据和内部类数据
        void method() {
            System.out.println("outData from OuterClass = " + outData);
            System.out.println("inData from InnerClass = " + inData);
        }
    }
}
```

（3）编译 OuterClass.java 程序。

步骤 2　使用内部类

（1）在 JavaLab 项目上创建一个新类 OutInUse 类，在 main 方法中创建 OuterClass 和 InnerClass 的对象，并通过其对象访问所有的变量和方法。见代码 3-35。

代码 3-35　OutInUse.java

```java
package edu.uibe.java.lab03;

public class OutInUse {

    public static void main(String[] args) {

        // 创建一个包含内部类的外部类对象
        OuterClass oc = new OuterClass();

        //创建一个内部类对象
        OuterClass.InnerClass ic = oc.new InnerClass();

        // 显示外部类和内部类数据.
        System.out.println("Access data from outer class = " + oc.outData);
        System.out.println("Access data2 from inner class = " + ic.inData);

        // 调用内部类方法
        ic.method();
    }
}
```

（2）编译运行 OutInUse.java 类，观察运行结果。

（3）掌握内部类的定义和使用语法，掌握创建内部类对象和访问其成员的语法。

实验 8　访问控制符

➢ 实验目的

（1）理解面向对象编程的基本思想。

（2）掌握类与对象的基本概念，掌握 private、protected、public 访问控制符的使用的语法，掌握访问控制符修饰变量和方法的作用范围。

（3）理解访问控制符在抽象和封装中的作用。

（4）理解封装与抽象，以及封装的实现。

第3章 类和对象

> 课时要求

1.5 课时

> 实验内容

（1）编写 Java 示例类，定义具有所有访问控制符修饰的成员变量和方法。

（2）分别编写同一包和不同包中的测试类，访问前面类定义的所有变量和方法。

（3）在示例类中定义 public 修饰的 set 和 get 方法，在同一包和不同包中的测试类利用 set 和 get 方法访问原来不能访问的变量。

> 实验要求

（1）定义类 AccessSample，在类中定义四个变量和四个方法，分别使用不同的控制符修饰。

（2）与 AccessSample 类同一个包内，定义类 AccessSamePack，尝试访问 AccessSample 定义的每一个成员。

（3）与 AccessSample 类不同包内，定义类 AccessDifferentPack，尝试访问 AccessSample 定义的每一个成员。

（4）修改 AccessSample，增加针对非 public 类变量的 set 和 get 方法，方法设置为 public 修饰，尝试从 AccessSamePack 和 AccessDifferentPack 类中使用 set 和 get 方法访问原来不能访问的变量。

> 实验步骤

步骤1　在同一个包访问控制符

（1）打开 Eclipse 平台，在 JavaLab 项目上创建一个类 AccessSample 作为被访问的类。

（2）在类中定义不同访问控制符修饰的成员变量和成员方法，限定各变量和方法不同的访问范围。见代码 3-36。

代码 3-36　AccessSample.java

```java
package edu.uibe.java.lab03;

public class AccessSample {
    // private 修饰，只能在类内部访问
    private String s1 = "private string";

    // protected 修饰，只能在包内部访问
    protected String s2 = "protected string";

    // public 修饰，没有访问限制
    public String s3 = "public string";
```

```java
        // 默认状态等同于 protected 修饰
        String s4 = "string without access modifier";

        // private 修饰变量，只能在类内部访问
        private void method1(){
        }

        // protected 修饰，只能在包内部访问
        protected void method2(){
        }

        // public 修饰，没有访问限制
        public void method3(){
        }

        // 默认状态等同于 protected 修饰
        void method4() {
        }

        public static void main(String[] args) {

        }
}
```

（3）编译 AccessSamp.java。

（4）在 JavaLab 项目上创建一个类 AccessSamePack，与 AccessSample 类放在同一个包内，尝试访问 AccessSample 定义的每一个成员。见代码 3-37。

代码 3-37　AccessSamePack.java

```java
package edu.uibe.java.lab03;

public class AccessSamePack {

    public static void main(String[] args) {

        //声明一个 AccessSample 变量 a，并初始化 a
        AccessSample a = new AccessSample();

        System.oua.println("s1 = " + a.s1);    // 访问 private 修饰变量
```

```
        System.out.println("s2 = " + a.s2);  // 访问 protected 修饰变量
        System.out.println("s3 = " + a.s3);  // 访问 public 修饰变量
        System.out.println("s4 = " + a.s4);  // 访问无修饰变量

        a.method1();  // 调用 private 修饰方法

        a.method2();  // 调用 protected 修饰方法
        a.method3();  // 调用 public 修饰方法
        a.method4();  // 调用无修饰方法
    }
}
```
（5）观察 Eclipse 平台提示的编译错误，理解访问控制符的作用。

步骤 2 从不同的包访问符

（1）在 JavaLab 项目上创建一个类 AccessDifferentPack，与 AccessSample 类放在不同的包内，加载 AccessSample 类所在的包，尝试访问 AccessSample 定义的每一个成员。见代码 3-38。

代码 3-38 AccessDifferentPack
```
package edu.uibe.java.labtemp;

//加载 edu.uibe.java.lab03 包
import edu.uibe.java.lab03.*;
public class AccessDifferentPack {

    public static void main(String[] args) {

        // 声明一个 AccessSample 变量 a，并初始化 a
        AccessSample a = new AccessSample();

        System.oua.println("s1 = " + a.s1);  // 访问 private 修饰变量

        System.out.println("s2 = " + a.s2);  // 访问 protected 修饰变量

        System.out.println("s3 = " + a.s3);  // 访问 protected 修饰变量

        System.out.println("s4 = " + a.s4);  // 访问无修饰变量

        a.method1();  // 调用 private 修饰方法
        a.method2();  // 调用 protected 修饰方法
```

```
        a.method3(); // 调用 public 修饰方法

        a.method4(); // 调用无修饰方法
    }
}
```
（2）观察 Eclipse 平台提示的编译错误，理解访问控制符的作用。

步骤 3 理解 set 与 get 方法对 private 和 protected 属性的作用

（1）修改 AccessSample.java，在类中增加对非 public 变量的 set 和 get 方法，方法设置为 public 修饰，见代码 3-39。

代码 3-39 public 修饰的 set 与 get 方法

```
//public 修饰 setS1()方法
  public void setS1(String str){
   s1 = str;
  }

  //public 修饰 getS1()方法
  public String getS1(){
   return s1;
  }

  //public 修饰 setS2()方法
  public void setS2(String str){
   s1 = str;
  }

  //public 修饰 getS2()方法
  public String getS2(){
   return s1;
  }

  //public 修饰 setS4()方法
  public void setS4(String str){
   s1 = str;
  }

  //public 修饰 getS4()方法
  public String getS4(){
   return s1;
  }
```

（2）修改 AccessSamePack.java 和 AccessDifferentPack.java，使用 set 和 get 方法访问原来不能访问的变量。编译运行，观察运行结果。

（3）理解通过访问控制符控制其他的类不能随意访问类的成员变量，通过控制是否定义变量相关 set 和 get 方法，可以限制其他类对某些非 public 变量的可以访问，对另一些非 public 变量不能访问。

实验 9　综合实验

➢ **实验目的**

（1）理解面向对象编程的基本思想。
（2）掌握类与对象的基本概念，掌握 Java 类定义语法。
（3）掌握类的成员变量和成员方法的设计方法，以及其定义和使用语法。
（4）理解构造方法在对象初始化时的作用，掌握类构造方法的定义和使用语法。
（5）掌握使用类访问控制符的语法，理解其作用。
（6）理解封装与抽象，以及封装的实现。

➢ **实验内容**

编写 Java 类，描述矩形对象以及矩形对象上的操作与运算。

➢ **课时**

1.5 课时

➢ **实验要求**

（1）定义一个类 Rectangle，描述矩形对象以及矩形对象上的操作与运算。矩形的左上角坐标（x1, y1,）和右下角坐标（x2, y2）可以确定一个矩形，4 个坐标值可以定义成矩形的属性。

（2）在类 Rectangle 中定义不同的方法，实现对矩形的如下运算：
① 移动矩形；
② 判断一个点是否在矩形内部；
③ 计算并返回与另一个矩形合并后的新矩形；
④ 计算并返回与另一个矩形相交后的新矩形，注意没有相交的情况。

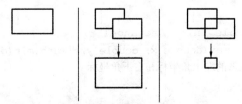

点不在矩形内部　合并后的矩形　两个矩形的交集

（3）在类 Rectangle 中定义无参和有参的多个构造方法。

① 定义无参构造方法 Rectangle，默认左上角和右下角的坐标都是（0,0），实际是一个点；

② 定义有 4 个参数的构造方法，分别代表左上角和右下角的坐标；

③ 定义有 2 个参数 Rect(int width, int height)，认为左上角坐标是（0,0），宽度和高度分别是 width 和 height。

（4）测试类（TestRectangle）提示如下：

① 定义多个矩形对象引用和点坐标变量，通过屏幕提示输入各个矩形的坐标（如何输入数据参考以前实验）；

② 根据输入的坐标调用构造函数创建各个矩形对象；

③ 调用对象方法 isInside 判断一个点是否在矩形内并打印合并后的结果；

④ 调用 union 合并矩形并打印合并后的结果；

⑤ 调用 intersection 求矩形的交集并打印合并后的结果。

> 实验步骤

步骤 1　创建 Rectangle 类

打开 Eclipse 平台，在 JavaLab 项目上创建一个类 Rectangle。

步骤 2　定义 Rectangle 类的成员变量

定义 Rectangle 类的成员变量，参考代码 3-40。

代码 3-40　Rectangle 类的成员变量定义

```
private double x1, y1, x2, y2;
```

步骤 3　定义 Rectangle 类的成员方法

定义 Rectangle 类的成员方法，参考代码 3-41。

代码 3-41　Rectangle 类的方法定义

```
    public Rectangle move(double weight, double height){
        //在属性的坐标上增加参数的横向和纵向距离
    }
    public boolean isInside(double x, double y){
        ………
    }
    public Rectangle union(Rectangel r){
        //使用Math.max(double x, double y)和Math.min(double x, double y)方法
        //判别新矩形的左上角坐标和右下角坐标
        ………
    }
    public Rectangle intersection(Rectangle r){
```

```
        //使用自定义的 isInside()判别一个矩形的四个角是否有在另一个矩形内
        //使用 Math.max(double x, double y)和 Math.min(double x, double y)方法
        //判别新矩形的左上角坐标和右下角坐标
        ……….
    }
```

步骤 4　定义 Rectangle 类的构造方法

定义 Rectangle 类的构造方法，参考代码 3-42。

代码 3-42　Rectangle 类的构造方法定义

```
    public Rectangle (){
        //属性初始化为 0
    }
    public Rectangle (double x1, double y1, double x2, double y2){
        //属性根据参数初始化
    }
    public Rectangle (double weight, double height){
        //x1,y1 初始化为 0
        //x2,y2 在 x1,y1 增加 weight, height
    }
```

步骤 5　定义测试类 TestRectangle 类

（1）定义测试类 TestRectangle，在 main 方法中定义多个矩形对象引用和点坐标变量，通过屏幕提示输入各个矩形的坐标。

（2）根据实验要求测试 Rectangle 类的各项功能，编译运行，查看结果。

3.3　小　　结

　　本章共提供了 9 个实验，包括 8 个基本实验和 1 个综合实验。通过这些实验的练习，学生能够基本理解面向对象的概念，理解使用类描述事物的方法，掌握类定义和成员定义的语法，掌握已定义类的使用方法，掌握构造方法的定义和重载语法，掌握对象的创建和使用语法，掌握 this 的使用方法，掌握简单内部类的定义语法和使用方法，掌握访问控制符的使用语法。

第 4 章

继承与多态

通过本章的实验，理解继承、抽象和多态的概念，掌握 Java 类继承的使用语法，理解父类和子类之间继承、覆盖与隐藏的关系；掌握抽象类的定义语法和使用方法，掌握接口的定义语法和使用方法；掌握多态的使用情况和使用语法。

4.1 知识要点

4.1.1 继承的概念

在面向对象技术的各个特点中，继承是最具有特色，也是与传统方法最不相同的一个。继承实际上是存在于面向对象程序中的两个类之间的一种关系。当一个类获取另一个类中所有非私有的数据和操作的定义作为自己的部分或全部成分时，就称这两个类之间具有继承关系。被继承的类称为父类或超类，继承了父类或超类的所有数据和操作的类称为子类。

一个父类可以同时拥有多个子类，这时这个父类实际上是所有子类的公共域和公共方法的集合，而每一个子类则是父类的特殊化，是对公共域和方法在功能、内涵方面的扩展和延伸。使用继承的主要优点，是使得程序结构清晰，降低编码和维护的工作量。

4.1.2 继承的实现

Java 中的继承是通过 extends 关键字来实现的，在定义类时使用 extends 关键字指明新定义类的父类，就在两个类之间建立了继承关系。新定义的类称为子类，它可以从父类那里继承所有非 private 的属性和方法作为自己的成员。

4.1.3 覆盖和重载

方法的覆盖是指子类定义同名方法来覆盖父类的方法，是多态技术的一个实现。当父类方法在子类中被覆盖时，通常是子类版本调用父类版本，并做一些附加的工作。子类也可以定义同名的变量来覆盖父类的变量。

重载是指用相同的方法名但不同的参数表来定义方法（参数表中参数的数量、类型或次序有差异），这称为方法重载。

4.1.4 多重继承

接口（Interface）是对符合接口需求的类的一套规范。接口与包相似，也是用来组织应用中的类并调节类间相互关系的一种结构，更准确地说，接口是用来实现类间多重继承功能的结构。

4.2 实 验

下面的实验均基于 Eclipse 平台。假设 Eclipse 的 workspace 为 D:\workspace，已建 Java 项目名称为 JavaLab。除特别说明之外，本章的实验所定义的类都放在包 edu.uibe.java.lab04 内，在创建新类时，在 New Java Class 对话框的 package 文本框中填写 edu.uibe.java.lab04。

实验 1 类的继承

> **实验目的**

（1）理解面向对象编程的基本思想。
（2）掌握继承的基本概念，理解父类和子类的关系，掌握子类定义语法。
（3）掌握子类或子类对象访问父类成员变量和方法的语法。
（4）理解封装与抽象，以及继承的实现。

> **实验内容**

（1）编写一个 Java 类，定义其子类。
（2）编写测试类，测试子类对父类成员变量和方法的继承，以及子类自身成员变量和方法的使用。
（3）编写测试类，使用 getClass 获取此父类和子类对象所属的类，从而获取对象所属类的继承层次结构。

➢ 课时
1 课时
➢ 实验要求
（1）定义 Person 类，有属性 "name"，和设置 set 和获取 get 属性值的两个方法。

（2）定义 Person 的子类 Student 和 Teacher，包括子类自己的属性（Student 类：学校和专业，Teacher 类：专业领域），以及设置和获取属性值的 set 和 get 方法。

（3）定义 Stduent 类的子类 InternationalStudent，包括一个自己的属性：国家，以及设置和获取属性值的 set 和 get 方法。

（4）创建测试类，测试子类对父类成员变量和方法的继承，以及子类对祖先类成员变量和方法的继承。

（5）创建测试类，测试子类对象所属类的继承层次结构。

➢ 实验步骤
步骤 1　定义父类和相关的子类
（1）打开 Eclipse 平台，在 JavaLab 项目上创建一个最简单的类 Person。Person 类有一个属性 "name"，和设置 set 和获取 get 属性的两个方法。为了观察子类对其属性和方法的继承，都设置成 public。见代码 4-1。

代码 4-1　Person.java

```java
package edu.uibe.java.lab04;

public class Person {
    public String name;

    public String getName() {
        return name;
    }

    public void setName(String name) {
        this.name = name;
    }
}
```

（2）编译 Person.java 程序，注意类定义、属性定义和方法定义的语法。

（3）在 JavaLab 项目上创建一个新类 Student，设计成 Person 的子类。Student 类有两个自己的属性：学校和专业，以及设置和获取这两个属性的 set 和 get 方法。见代码 4-2。

代码 4-2　Student.java

```java
package edu.uibe.java.lab04;
```

```java
public class Student extends Person {
    public String college;
    public String major;

    public String getCollege() {
        return college;
    }

    public void setCollege(String college) {
        this.college = college;
    }

    public String getMajor() {
        return major;
    }

    public void setMajor(String major) {
        this.major = major;
    }
}
```

（4）编译 Stduent.java 程序，注意子类定义的语法和关键字 extends 的使用，理解父类和子类的继承关系。

（5）在 JavaLab 项目上创建一个新类 InternationalStudent，设计成 Stduent 类的子类。InternationalStudent 类有一个自己的属性：国家，以及设置和获取这个属性的 set 和 get 方法。见代码 4-3。

代码 4-3 InternationalStudent.java

```java
package edu.uibe.java.lab04;

public class InternationalStudent extends Student {

    public String country;

    public String getCountry() {
        return country;
    }

    public void setCountry(String country) {
        this.country = country;
```

}
　}
（6）编译 InternationalStudent.java 程序，注意关键字 extends 的使用、父类的指定和子类定义的语法，理解父类和子类的继承关系，以及子类和父类的父类的继承关系。

（7）在 JavaLab 项目上创建一个新类 Teacher，设计成 Person 类的子类。Teacher 类有一个自己的属性：专业领域，以及设置和获取这个属性的 set 和 get 方法。见代码 4-4。

代码 4-4　Teacher.java

```java
package edu.uibe.java.lab04;

public class Teacher extends Person {

    private String specialism;

    public String getSpecialism() {
        return specialism;
    }

    public void setSpecialism(String specialism) {
        this.specialism = specialism;
    }
}
```

（8）编译 InternationalStudent.java 程序，注意关键字 extends 的使用、父类的指定和子类定义的语法。理解一个父类可以有多个子类，一个子类只能有一个父类。

步骤 2　观察成员变量和方法的继承

（1）在 JavaLab 项目上创建一个测试类 TestDeriveA，测试 Student 子类和 Teacher 子类对父类 Person 成员变量和方法的继承，以及子类自身成员变量和方法的使用。见代码 4-5。

代码 4-5　TestDeriveA.java

```java
package edu.uibe.java.lab04;

public class TestDeriveA {
    public static void main(String[] args) {
        // 创建 Person 的对象并使用其定义的属性和方法
        Person ps1 = new Person();
        ps1.setName("Bill Gates");
        System.out.println("New person's name: " + ps1.name);
```

```java
// 创建 Person 的子类 Student 的对象
Student st1 = new Student();

// Student 类的对象使用父类定义的属性 name 和方法 setName()
st1.setName("Harry Potter");
System.out.println("New Student's name: " + st1.name);

// Student 类的对象使用自己定义的属性和方法
st1.setCollege("University of International Businesss and Economics");
System.out.println("New Student's college: " + st1.college);

// 创建 Person 的子类 Teacher 的对象
Teacher te1 = new Teacher();

// Teacher 类的对象使用父类定义的属性 name 和方法 getName()
te1.name="Shi Jianjun";
System.out.println("New Teacher's name: " + te1.getName());

// Student 类的对象使用自己定义的属性和方法
te1.specialism ="Economics";
System.out.println("New Teacher's Specialism: " + te1.getSpecialism());
    }
}
```

(2) 编译并运行 TestDeriveA.java 程序，对照输出结果与程序代码，理解子类对父类的属性和方法的继承。

(3) 在 main 方法末尾加上代码 4-6 访问测试。

代码 4-6　访问测试

```java
// Person 类的对象使用子类 Student 定义的属性 major 和方法 setMajor()
ps1.setMajor("Computer");
System.out.println(ps1.major);

// Teacher 类的对象使用 Student 定义的属性 major 和方法 setMajor()
te1.setMajor("Computer");
System.out.println(te1.major);
```

(4) 观察添加代码后 Eclipse 编辑器给出的信息，进一步理解父类和子类，以及子类和子类之间的关系。

(5) 在 JavaLab 项目上创建一个测试类 TestDeriveB，测试 InternationalStudent 对父类 Student 和 Student 的父类 Person 成员变量和方法的继承，以及子类自身成员变量和方法的使用。见代码 4-7。

代码 4-7　TestDeriveB.java

```java
package edu.uibe.java.lab04;

public class TestDeriveB {
    public static void main(String[] args) {
        InternationalStudent inSt1 = new InternationalStudent();

        // InternationalStudent 的对象
        //使用父类定义的属性 college 和方法 setCollege()
        inSt1.setCollege("UIBE");
        System.out.println("New International Student's college: "+inSt1.college);

        // InternationalStudent 的对象
        //使用父类 Student 的父类定义的属性 name 和方法 setName()
        inSt1.setName("Bill Clinton");
        System.out.println("New International Student's name: "+inSt1.name);

        // InternationalStudent 的对象使用自己定义的属性和方法
        inSt1.setCountry("Korea");
        System.out.println("Displaying names of all object instances...");
    }
}
```

（6）编译并运行 TestDeriveB.java 程序，对照输出结果与程序代码，理解子类对父类的属性和方法的继承，以及对于父类所继承的属性和方法的继承。

步骤 3　使用 getSuperclass 查看继承的层次结构

（1）在 JavaLab 项目上创建一个测试类 TestDeriveC，创建 InternationalStudent 的对象，使用 getClass 获取此对象所属的类，使用 getSuperclass 获取此对象所属类的继承层次结构。同时创建 Student 和 Teacher 的对象。见代码 4-8。

代码 4-8　TestDeriveC.java

```java
package edu.uibe.java.lab04;

public class TestDeriveC {
    public static void main(String[] args) {
        // 创建 Person 的对象
        Person ps1 = new Person();
```

```java
        // 创建 Person 的子类 Student 的对象
        Student st1 = new Student();

        // 创建 Student 的子类 InternationalStudent 的对象
        InternationalStudent inSt1 = new InternationalStudent();

    // 获取对象 inSt1 所属的类
    Class class1 = inSt1.getClass();

    // 使用 getSuperclass 获取类继承的层次结构
        System.out.println("Displaying class hierarchy of "+class1);
    while (class1.getSuperclass() != null){
            String child = class1.getName();
            String parent = class1.getSuperclass().getName();
            System.out.println("  " + child + " class is a child class of " + parent);
            class1 = class1.getSuperclass();
        }
    }
}
```

(2) 编译并运行 TestDeriveC.java 程序，观察运行结果，理解类继承的层次结构。

```
Displaying class hierarchy of class edu.uibe.java.lab04.InternationalStudent
   edu.uibe.java.lab04.InternationalStudent class is a child class of edu.
   uibe.java.lab04.Student
   edu.uibe.java.lab04.Student class is a child class of edu.uibe.java.
   lab04.Person
   edu.uibe.java.lab04.Person class is a child class of java.lang.Object
```

(3) 修改 TestDeriveC.java，使用同样的方法，获取并输出 Student 和 Teacher 的对象所属类的继承层次结构，再次编译并运行 TestDeriveC.java，观察运行结果。

实验 2　覆盖与隐藏

> 实验目的

（1）理解面向对象编程的基本思想。

（2）掌握继承的基本概念，理解子类对父类变量隐藏的含义，理解父类变量隐藏后，对子类访问自身变量、父类变量和方法的影响。

（3）掌握继承的基本概念，理解子类对父类方法覆盖的含义，理解父类方法被覆盖后，对子类访问自身变量和方法、父类变量和方法的影响。

（4）掌握子类隐藏父类变量和覆盖父类方法的语法。

(5) 初步理解通过 overriding 实现 Java 程序的多态。

➢ 实验内容

(1) 编写一个已有 Java 类的子类，子类定义一个与父类相同的属性，编写测试类测试变量隐藏子类对自身变量、父类变量和方法的访问。

(2) 编写前一个父类的子类，只有一个成员方法和类方法；编写这个子类的子类，覆盖父类的方法。编写测试类测试方法覆盖对子类访问自身变量和方法、父类变量和方法的影响。

(3) 编写测试类，测试声明几个祖先类的变量，使用其衍生出的不同类初始化，通过对象调用同名方法了解 java 程序多态现象。

➢ 课时

1 课时

➢ 实验要求

(1) 定义 Person 的子类 StudentA，除了学校和专业属性，还增加属性与父类同名的 "name" 属性定义。通过在 main 中对 StudentA 对象的 name 属性和父类方法的访问，理解变量隐藏的含义，以及父类方法针对的变量。

(2) 定义 Person 的子类 FatherClass，和 FatherClass 的子类 SonClass，在两个类中定义相同的成员方法 myMethod() 和静态方法 myStaticMethod()。使用测试类声明两类的变量并初始化，使用对象调用方法。理解方法覆盖的含义，以及方法操作针对的变量。

(3) 创建测试类 TestPoly，在 main 方法中声明 Person 类的三个变量，分别使用 Person、FatherClass 和 SonClass 类初始化，并使用对象调用它们名称相同的方法，理解 overriding 引起的 Java 程序多态现象。

➢ 实验步骤

步骤 1　隐藏变量

(1) 在 JavaLab 项目上创建一个新类 StudentA，设计为 Person 类的子类，除了学校和专业的属性，增加属性 "name" 的定义，作为在学校的注册名称，见代码 4-9。

代码 4-9　StudentA.java

```java
package edu.uibe.java.lab04;

public class StudentA extends Person{
    private String name;
    private String college;
    private String major;

    public static void main(String[] args) {
```

```java
        // 创建 Person 的子类 Student 的对象
        StudentA st1 = new StudentA();

        st1.name = "Tingting";
        st1.setName("Harry Potter");

        System.out.println("New student's name: "+st1.name);
        System.out.println("Another name: "+st1.getName());
    }
}
```

（2）编译并运行 StudentA.java 程序，对照输出结果与程序代码，理解子类对父类的属性的隐藏，理解所继承方法的操作对象。

步骤2　覆盖方法

（1）在 JavaLab 项目上创建一个新类 FatherClass，设计成 Person 的子类，定义一个自己的成员方法 myMethod()方法。见代码 4-10。

代码 4-10　FatherClass.java

```java
package edu.uibe.java.lab04;

public class FatherClass extends Person {
    public void myMethod(){
        System.out.println("Father! Father!");
    }
}
```

（2）在 JavaLab 项目上创建一个新类 SonClass，类体定义为空。

（3）在 JavaLab 项目上创建一个新类 TestOveriding，在 main 方法中创建 FatherClass 和 SonClass 的对象，调用 myMethod()方法。见代码 4-11。

代码 4-11　TestOveriding.java

```java
package edu.uibe.java.lab04;

public class TestOveriding {
    public static void main(String[] args) {
        FatherClass fc1 = new FatherClass();
        fc1.myMethod();
        SonClass sc1 = new SonClass();
        sc1.myMethod();
    }
}
```

（4）编译运行前面定义的三个类，观察运行结果，理解 SonClass 对 FatherClass 方法的继承。

（5）修改 SonClass.java，增加 myMethod() 的定义。见代码 4-12。

代码 4-12 SonClass.java

```java
package edu.uibe.java.lab04;

public class SonClass extends FatherClass {
    public void myMethod(){
        System.out.println("Son! Son! Son");
    }

    public static void myStaticMethod(){
        System.out.println("Son! in Son static class");
    }
}
```

（6）重新编译运行前面定义的三个类，观察运行结果，理解子类对父类方法的覆盖。

（7）修改 FatherClass.java，增加类方法（静态方法）的定义；修改 TestOveriding.java，增加父类和子类对类方法的调用。见代码 4-13。

代码 4-13 FatherClass.java 和 TestOveriding.java

```java
public class FatherClass extends Person {
    public void myMethod(){
        System.out.println("Father! Father!");
    }

    public static void myStaticMethod(){
        System.out.println("in Father static class!");
    }
}

public class TestOveriding {

    /**
     * @param args
     */
    public static void main(String[] args) {
        // TODO Auto-generated method stub
        FatherClass.myStaticMethod();

        FatherClass fc1 = new FatherClass();
```

```
        fc1.myMethod();

        SonClass.myStaticMethod();

        SonClass sc1 = new SonClass();
        sc1.myMethod();
    }
}
```

（8）重新编译运行前面定义的三个类，观察运行结果，理解子类对父类静态方法的继承。

（9）修改 SonClass.java，增加对类方法 myStaticMethod()的重新定义。参考代码 4-14 修改 SonClass.java。

代码 4-14　修改 SonClass.java

```
package edu.uibe.java.lab04;

public class SonClass extends FatherClass {

    public void myMethod(){
        System.out.println("Son! Son! Son");
    }

    public static void myStaticMethod(){
        System.out.println("Son! in Son static class");
    }
}
```

（10）重新编译运行前面定义的三个类，观察运行结果，理解子类对父类静态方法的覆盖。

（11）尝试把 SonClass.java 中方法的控制符修改为 protected，查看 Eclipse 编辑器提示的错误信息，理解方法覆盖时的限制。

（12）修改 StudentA.java 程序，重新定义 Person 中的 setName()和 getName()方法，见代码 4-15，并编译运行，查看与修改前的区别，理解方法覆盖的作用。

代码 4-15　修改 StudentA.java

```
package edu.uibe.java.lab04;
public class StudentA extends Person{
    private String name;
    private String college;
    private String major;
```

```java
    public String getName() {
        System.out.println("Student's getName()");
        return name;
    }

    public void setName(String name) {
        this.name = name;
        System.out.println("Student's setName()");
    }

    public static void main(String[] args) {
        // 创建 Person 的子类 Student 的对象
        StudentA st1 = new StudentA();

        st1.name = "Tingting";
        st1.setName("Harry Potter");

        System.out.println("New student's name: "+st1.name);
        System.out.println("Another name: "+st1.getName());
    }
}
```

步骤 3　通过覆盖实现的多态性

(1) 修改 Person.java 类，增加定义一个与 FatherClass 相同的 myMethod()方法。见代码 4-16。

代码 4-16　修改 Person.java

```java
package edu.uibe.java.lab04;

public class Person {
    public String name;

    public String getName() {
        return name;
    }
    public void setName(String name) {
        this.name = name;
    }

    public void myMethod(){
```

```
        System.out.println("A Person!");
    }
}
```

（2）在 JavaLab 项目上创建一个新类 TestPoly，在 main 方法里定义三个 Person 的变量，分别使用 Person 类、FatherClass 类和 SonClass 类初始化，并在初始化后调用 myMethod()。见代码 4-17。

代码 4-17　TestPoly.java

```java
package edu.uibe.java.lab04;

public class TestPoly {
    public static void main(String[] args) {
        //声明 1 个 Person 类的变量并初始化，
        Person ps = new Person();
        ps.myMethod();

        //声明 1 个 FatherClass 类的变量并初始化
        FatherClass fc = new FatherClass();
        fc.myMethod();

        //声明 1 个 SonClass 类的变量并初始化
        SonClass sc = new SonClass();
        sc.myMethod();

        //声明三个 Person 类的变量
        Person ps1, ps2, ps3;

        //分别使用类及其子类初始化变量
        ps1 = new Person();
        ps2 = new FatherClass();
        ps3 = new SonClass();

        //由于方法的覆盖引起的多态行为
        System.out.println("---Polymorphic behavior---");
        ps1.myMethod();
        ps2.myMethod();
        ps3.myMethod();
    }
}
```

（3）编译并运行 Person.java 和 TestPloy.java，对照输出结果与程序代码，理解多态的概念。

实验 3　构造方法

> **实验目的**

（1）理解面向对象编程的基本思想。

（2）理解子类对初始化过程中，构造方法的调用过程，理解子类构造方法的调用链。

（3）掌握构造方法的重构语法，理解构造方法的重构在对象初始化中的作用。

（4）掌握使用 super 调用父类构造方法和调用父类变量和方法的语法，理解在构造方法调用链中 super() 的作用。

> **实验内容**

（1）编写 Java 类以及衍生的子类，在各类中定义其无参的构造方法，并在构造方法中给出相应信息。编写测试类，测试最下层的子类初始化时，构造方法的调用链。

（2）在上面的各类中，添加有参的构造方法，并在构造方法中给出相应信息。编写测试类，测试各类变量的不同初始化方法。

（3）注释祖先类的无参构造方法，重运行测试类，理解 super() 的作用；在衍生的子类中添加带参数的 super() 调用，重运行测试类，观察构造方法的调用链。

（4）编写 Java 类以及衍生的子类，在子类的方法中应用 super 调用父类的变量和方法，并使用测试类测试。

> **课时要求**

1 课时

> **实验要求**

（1）定义 PersonNew 类和其子类 StudentNew、TeacherNew，以及 StudentNew 的子类 InternationalStudentNew，并在各类中定义其无参的构造方法，并在构造方法中打印出相应信息。编写测试类 TestSubConstructor，测试 InternationalStudentNew 类对象和 TeacherNew 类对象初始化时，构造方法的调用链。

（2）在 PersonNew、StudentNew 和 InternationalStudentNew 类中，添加有参的构造方法，并在构造方法中给出相应信息。编写测试类 TestOverloading，测试分别使用三个类不同的构造方法初始化对象时，构造方法的调用链。

（3）注释 PersonNew 类的无参构造方法，重运行测试类 TestOverloading，理解 super() 的作用；在 StudentNew 和 InternationalStudentNew 类中添加带参数的 super() 调用，重运行测试类，观察构造方法的调用链。

（4）定义 Father 类和其子类 Son。在 Father 中定义方法 sing() 输出自身信息；并在 Son 中覆盖 sing()，通过 super 调用父类的方法和变量，输出自身和父类的信息。

实验步骤

步骤 1　构造方法调用链

（1）在 JavaLab 项目上创建一个新类 PersonNew，定义属性 name 和无参的构造方法。见代码 4-18 PersonNew.java。

代码 4-18　PersonNew.java

```java
package edu.uibe.java.lab04;

public class PersonNew {
    private String name;

//定义 PersonNew 的构造方法
    public PersonNew() {
        System.out.println("PersonNew Constructor: no parameter");
    }
}
```

（2）在 JavaLab 项目上创建一个新类 StudentNew，定义属性 college、major 和无参的构造方法。见代码 4-19 StudentNew.java。

代码 4-19　StudentNew.java

```java
package edu.uibe.java.lab04;

public class StudentNew extends PersonNew{
    public String college;
    public String major;

//定义 StudentNew 的构造方法
    public StudentNew(){
        System.out.println("StudentNew Constructor: no parameter");
    }
}
```

（3）在 JavaLab 项目上创建一个继承自 StudentNew 类的新类 InternationalStudentNew，定义属性 country 和无参的构造方法。见代码 4-20。

代码 4-20　InternationalStudentNew.java

```java
package edu.uibe.java.lab04;

public class InternationalStudentNew extends StudentNew {
    private String country;
```

```java
//定义 InternationalStudentNew 的构造方法
    public InternationalStudentNew(){
        System.out.println("InternationalStudentNew Constructor: no parameter");
    }
}
```

（4）在 JavaLab 项目上创建一个新类 TeacherNew，定义属性 spceialism 和无参的构造方法。见代码 4-21 TeacherNew.java。

代码 4-21 TeacherNew.java

```java
package edu.uibe.java.lab04;

public class TeacherNew extends PersonNew {
public String specialism;

//定义 TeacherNew 的构造方法
public TeacherNew(){
        System.out.println("TeacherNew Constructor: no parameter");
    }
}
```

（5）在 JavaLab 项目上创建一个新类 TestSubConstructor，定义属性 spceialism 和无参的构造方法。见代码 4-22。

代码 4-22 TestSubConstructor.java

```java
package edu.uibe.java.lab04;

public class TestSubConstructor {

    public static void main(String[] args) {
        // 创建 InternationalStudent 类的对象
        System.out.println("---- A New InternationalStudent ----");
        InternationalStudentNewinSt = new InternationalStudentNew();

        // 创建 Teacher 类的对象
        System.out.println("---- A New Teacher ---- ");
        TeacherNew te = new TeacherNew();

    }
}
```

（6）编译 TestSubConstructor.java 和相关的类，运行程序。观察输出窗口中的结果，理解子类初始化过程中，构造方法的调用过程。

（7）修改 Person 类，注释掉 Person 类的无参构造方法的定义，掌握类继承的构造方法调用链的概念。

步骤 2　重载构造方法

（1）修改类 PersonNew，增加有参数的构造方法，使得属性 name 也可以通过构造方法的参数取得初始化值。见代码 4-23。

代码 4-23　重载 PersonNew.java

```java
package edu.uibe.java.lab04;

public class PersonNew {
    private String name;

    // 定义 PersonNew 的无参构造方法
    public PersonNew() {
        System.out.println("PersonNew Constructor: no parameter");
    }

    // 定义 PersonNew 有 1 个参数的构造方法
    public PersonNew(String name) {
        this.name = name;
        System.out.println("PersonNew Constructor: 1 parameter");
    }
}
```

（2）修改类 StudentNew，增加分别有 1 个参数、有 2 个参数和有 3 个参数的构造方法，使得创建对象是可以选择属性使用默认值，或通过构造方法的参数取得初始化值。见代码 4-24。

代码 4-24　重载 StudentNew.java

```java
package edu.uibe.java.lab04;

public class StudentNew extends PersonNew {
    private String college;
    private String major;

    // 定义 StudentNew 无参的构造方法
    public StudentNew() {
        System.out.println("StudentNew Constructor: no parameter");
    }
```

```java
    // 定义 StudentNew 有 1 个参数的构造方法
    public StudentNew(String college) {
        this.college = college;
        System.out.println("StudentNew Constructor: 1 parameter");
    }

    // 定义 StudentNew 有 2 个参数的构造方法
    public StudentNew(String college, String major) {
        this.college = college;
        this.major = major;
        System.out.println("StudentNew Constructor: 2 parameter");
    }

    // 定义 StudentNew 有 3 个参数的构造方法
    public StudentNew(String name, String college, String major) {
        super(name);
        this.college = college;
        this.major = major;
        System.out.println("StudentNew Constructor: 3 parameter");
    }
}
```

（3）修改类 InternationalStudentNew，增加有参数的构造方法，使得通过构造方法的参数可以取得所有属性的初始化值。见代码 4-25。

代码 4-25 重载 InternationalStudentNew.java

```java
package edu.uibe.java.lab04;

public class InternationalStudentNew extends StudentNew{
    private String country;

    // 定义 InternationalStudentNew 无参的构造方法
    public InternationalStudentNew(){
        System.out.println("InternationalStudentNew Constructor: no parameter");
    }

    // 定义 InternationalStudentNew 有 4 个参数的构造方法
    public InternationalStudentNew
    (String name, String college, String major, String country) {
        this.country = country;
        System.out.println("InternationalStudentNew Constructor: 4 parameter");
```

        }
    }
（4）在 JavaLab 项目上创建一个新类 TestOverloading，测试分别使用三个类不同的构造方法初始化对象。代码 4-26。

代码 4-26 TestOverloading.java

```java
package edu.uibe.java.lab04;

public class TestOverloading {

    public static void main(String[] args) {
        System.out.println("----  PersonNew Objects----");
        // 使用 Person 的无参构造方法创建对象
        System.out.println("First ......");
        PersonNew p0 = new PersonNew ();
        // 使用 Person 的有一个参数的构造方法创建对象
        System.out.println("Second ......");
        PersonNew p1 = new PersonNew("Harry Potter");
        System.out.println();

        System.out.println("---- StudentNew Objects----");
        // 使用 StduentNew 的无参构造方法创建对象
        System.out.println("First ......");
        StudentNew st0 = new StudentNew();
        // 使用 StduentNew 的有 1 个参数的构造方法创建对象
        System.out.println("Second ......");
        StudentNew st1 = new StudentNew("UIBE");
        // 使用 StduentNew 的有 3 个参数的构造方法创建对象
        System.out.println("Third ......");
        StudentNew st2= new StudentNew("TingTing", "UIBE", "Economics");
        System.out.println();

        System.out.println("---- InternationalStudentNew Objects----");
        // 使用 InternationalStudent 的无参构造方法创建对象
        System.out.println("First ......");
        InternationalStudentNew inSt0 = new InternationalStudentNew();
        // 使用 InternationalStudent 的有 4 个参数的构造方法创建对象
        System.out.println("Second ......");
        InternationalStudentNew inSt1 = new InternationalStudentNew("Potter","UIBE","Economics","England");
```

        }
    }
（5）编译运行 TestOverloading.java 和相关的类，观察运行结果，掌握使用类的不同构造方法初始化对象的方法。

（6）对照运行结果和 TestOverloading.java 程序代码，注意每个子类对象初始化时构造方法的调用链，理解默认状态下子类的有参和无参的构造方法都会调用父类的无参构造方法。

（7）使用"//"注释掉 Person 类中的无参构造方法和 TestOverloading 类 main 中使用 Person 类无参构造方法创建对象的语句。

（8）重新编译运行 TestOverloading.java 和相关的类，观察运行结果中如下的错误信息，理解子类构造方法对父类无参构造方法的隐形调用，理解当定义有参构造方法后，无参构造方法需要显式定义。

```
---- PersonNew Objects----
First ......
Second ......
PersonNew Constructor: 1 parameter

---- StudentNew Objects----
First ......
Exception in thread "main" java.lang.Error: Unresolved compilation problems:
    Implicit super constructor PersonNew() is undefined. Must explicitly
    invoke another constructor
    Implicit super constructor PersonNew() is undefined. Must explicitly
    invoke another constructor
    Implicit super constructor PersonNew() is undefined. Must explicitly
    invoke another constructor

    at edu.uibe.java.lab04.StudentNew.<init>(StudentNew.java:8)
    at edu.uibe.java.lab04.TestOverloading.main(TestOverloading.java:21)
```

步骤 3　使用 super() 的方法

（1）修改 StudentNew.java 代码，使用 super() 显式调用 Person 类有参的构造方法。见代码 4-27 带 super() 的 StudentNew.java，注意带下划线的代码。

代码 4-27　带 super() 的 StudentNew.java

```java
package edu.uibe.java.lab04;

public class StudentNew extends PersonNew {
```

```java
    private Stringcollege;
    private Stringmajor;

    // 定义 StudentNew 无参的构造方法
    public StudentNew() {
        super("Unknown");
        System.out.println("StudentNew Constructor: no parameter");
    }

    // 定义 StudentNew 有 1 个参数的构造方法
    public StudentNew(String college) {
        super("Unknown");
        this.college = college;
        System.out.println("StudentNew Constructor: 1 parameter");
    }

    // 定义 StudentNew 有 2 个参数的构造方法
    public StudentNew(String college, String major) {
        super("Unknown");
        this.college = college;
        this.major = major;
        System.out.println("StudentNew Constructor: 2 parameter");
    }

    // 定义 StudentNew 有 3 个参数的构造方法
    public StudentNew(String name, String college, String major) {
        super(name);
        this.college = college;
        this.major = major;
        System.out.println("StudentNew Constructor: 3 parameter");
    }
}
```

（2）重新编译运行 TestOverloading.java 和相关的类，观察运行结果，对照程序代码查看 StudentNew 子类和 InternationalStudentNew 子类对象创建时构造方法的调用链，比较有何不同，理解 super() 的功能。掌握利用 super() 调用父类构造方法的语法。

```
---- PersonNew Objects----
First ......
Second ......
PersonNew Constructor: 1 parameter
```

```
---- StudentNew Objects----
First ......
PersonNew Constructor: 1 parameter
StudentNew Constructor: no parameter
Second ......
PersonNew Constructor: 1 parameter
StudentNew Constructor: 1 parameter
Third ......
PersonNew Constructor: 1 parameter
StudentNew Constructor: 3 parameter

---- InternationalStudentNew Objects----
First ......
PersonNew Constructor: 1 parameter
StudentNew Constructor: no parameter
InternationalStudentNew Constructor: no parameter
Second ......
PersonNew Constructor: 1 parameter
StudentNew Constructor: no parameter
InternationalStudentNew Constructor: 1 parameter
```

（3）修改的 InternationalStudentNew.java 代码所示,使用 super()显式调用 StudnetNew 类有参的构造方法。见代码 4-28 带 super()的 InternationalStudentNew.java，注意带下划线的代码。

代码 4-28　带 super()的 InternationalStudentNew.java

```java
package edu.uibe.java.lab04;

public class InternationalStudentNew extends StudentNew{
    private String country;

    // 定义 InternationalStudentNew 无参的构造方法
    public InternationalStudentNew(){
        System.out.println("InternationalStudentNew Constructor: no parameter");
    }

    // 定义 InternationalStudentNew 有 4 个参数的构造方法
    public InternationalStudentNew
    (String name, String college, String major, String country) {
        super(name, college, major );
        this.country = country;
        System.out.println("InternationalStudentNew Constructor: 1 parameter");
```

}
}

（4）重新编译运行 TestOverloading.java 和相关的类，观察运行结果，与修改 InternationalStudentNew.java 之前的运行结果比较，加深对 super()如何影响继承中构造方法调用链的理解。

步骤 4　使用 super 访问父类成员

（1）在 JavaLab 项目上创建一个新类 Father，设置 name 属性、设置 name 的 set()方法和输出信息的 sing 方法，见代码 4-29。

代码 4-29　Father.java

```java
package edu.uibe.java.lab04;

public class Father {
    protected String name;

    public void sing(){
        System.out.println(name + " is a father! Father! Father! ");
    }

    public void setName(String name) {
        this.name = name;
    }
}
```

（2）在 JavaLab 项目上创建一个新类 Son，设置成 Father 的子类，定义自身的 name 属性、设置 name 的 set()方法；定义输出自身和父类信息的 sing()方法，使用 super.访问父类的属性和 sing()方法；定义方法 setFatherName()，使用 super.调用父类的方法来设置父类属性 name。见代码 4-30。

代码 4-30　Son.java

```java
package edu.uibe.java.lab04;
public class Son extends Father {
    protected String name;

    public void sing() {
        System.out.println(this.name + " sing .....");
        //使用 super.调用父类的成员变量 name
        System.out.println("Son! Son! Son of " + super.name + "\n");
        System.out.println(this.name + "'father sing .....");
        //使用 super.调用父类的成员方法 sing()
```

```java
        super.sing();
    }

    //设置父类属性 name 的值
    public void setFatherName(String name) {
        //使用 super.调用父类的成员方法 setName()
        super.setName(name);
    }

    //设置自身属性 name 的值
    public void setName(String name) {
        this.name = name;
    }
}
```

（3）在 JavaLab 项目上创建一个新类 TestSuper，在 main 方法中创建 Son 类的一个对象，使用其定义的方法设置自身和父类的属性，并调用 sing()方法。

代码 4-31   TestSuper.java

```java
package edu.uibe.java.lab04;

public class TestSuper {
    public static void main(String[] args) {
        //创建一个 Son 类的对象
        Son s = new Son();

        //调用 Son 的 setName()方法给自己的属性 name 赋值
        s.setName("Harry");
        //调用 Son 的 setFatherName()方法给父类的属性 name 赋值
        s.setFatherName("Tom");
        s.sing();
    }
}
```

（4）编译并运行 TestSuper.java 和相关的类，观察运行结果，与程序代码相对照，理解 super.的作用，掌握利用 super.调用父类成员的方法。

实验 4   final 的应用

> 实验目的

（1）理解面向对象编程的基本思想。
（2）理解 final 修饰符对类、方法和变量的作用。

(3) 掌握 final 修饰符的应用语法。

➢ **实验内容**

(1) 编写 final 定义的 Java 类，尝试定义其子类。
(2) 尝试定义 String 类或包装类的子类，理解 String 类或包装类是 final 修饰的类。
(3) 编写 Java 类，类中定义 final 定义的方法，尝试在子类中覆盖。

➢ **课时要求**

1 课时

➢ **实验要求**

(1) 定义 final 修饰的类 FinalSimpleClass 及其子类 FinalSubClass。
(2) 定义 String 的子类 FinalTestClass。
(3) 定义 FinalSimpleMethod，类里定义 final 修饰 simpleMethod()方法，在其子类 FinalSubMethod 中覆盖此方法。

➢ **实验步骤**

步骤 1　继承 final 定义的类

(1) 在 JavaLab 项目上创建一个新类 FinalSimpleClass，用 final 修饰类的定义。见代码 4-32。

代码 4-32　FinalSimpleClass.java

```java
package edu.uibe.java.lab04;

//把类 SimpleFinalClass 定义为 final 修饰的
public final class FinalSimpleClass {
    private int simpleVar;
    public void simpleMethod(){
        System.out.println("In SimpleFinalClass!");
    }
}
```

(2) 在 JavaLab 项目上创建一个新类 FinalSubClass，设计成 FinalSimpleClass 的子类。见代码 4-33。

代码 4-33　FinalSubClass.java

```java
package edu.uibe.java.lab04;

public class FinalSubClass extends SimpleFinalClass{
}
```

(3) 观察 Eclipse 编辑器提示的错误信息，理解 final 修饰的类不能被继承。

步骤 2 继承 String 类或包装类

（1）在 JavaLab 项目上创建一个新类 FinalTestClass，定义成 String 的子类。见代码 4-34。

代码 4-34 FinalTestClass.java

```java
package edu.uibe.java.lab04;

public class FinalTestClass extends String {
}
```

（2）观察 Eclipse 编辑器提示的错误信息，理解 String 是 final 修饰的类，不能被继承。显示 String 类的 Javadoc，以验证 String 类是 final 类。

（3）修改 FinalTestClass.java，定义 FinalTestClass 为 Integer 类的子类，观察 Eclipse 编辑器提示的错误信息，理解 Integer 等包装类是 final 修饰的类，不能被继承。显示包装类的 Javadoc，以验证 Integer 等类是 final 类。

步骤 3 覆盖父类的最终方法

（1）在 JavaLab 项目上创建一个新类 FinalSimpleMethod，类里定义一个用 final 修饰的 simpleMethod() 方法。代码 4-35。

代码 4-35 FinalSimpleMethod.java

```java
public class FinalSimpleMethod {
    //定义final定义的成员方法
    public final void simpleMethod(){
        System.out.println("In FinalSimpleMethod!");
    }
}
```

（2）在 JavaLab 项目上创建一个新类 FinalSubMethod，声明成 FinalSimpleClass 的子类，重新定义父类的 simpleMethod() 方法。见代码 4-36。

代码 4-36 FinalSubMethod.java

```java
package edu.uibe.java.lab04;

public class FinalSubMethod extends FinalSimpleMethod {
    //覆盖在父类中final定义的成员方法
    public final void simpleMethod(){
        System.out.println("In FinalSubMethod! In SubClass!");
    }
}
```

（3）查看 Eclipse 提示的编译错误，不能在一个子类中覆盖其父类定义的 final 方法。

实验 5 抽象类与抽象方法

➢ 实验目的
（1）理解面向对象编程的基本思想。
（2）掌握抽象类的概念，掌握抽象类和抽象方法的定义语法。
（3）进一步理解面向对象编程中的抽象概念。

➢ 实验内容
（1）编写 Java 的抽象类程序。
（2）编写抽象类的非抽象子类，覆盖其父类的抽象方法。

➢ 课时要求
1 课时

➢ 实验要求
（1）定义抽象类 LivingThing，定义抽象方法 move()以及其他的属性和方法。
（2）定义 LivingThing 的非抽象子类 Human 和 Owl，覆盖抽象方法，并在该方法中打印出子类对象的信息。定义测试类 TestAbstract，，在 main 方法中声明 LivingThing、Human 和 Owl 各种类型的变量，并给其赋值后进行比较。

➢ 实验步骤
步骤 1 定义抽象类
（1）在 JavaLab 项目上创建一个抽象类 LivingThing，定义属性 name 和访问它的 set 和 get 方法。定义方法 move()，表示生物的移动行为，但由于不同的生物移动的方式不一样，因此定义为抽象方法。见代码 4-37。

代码 4-37 LivingThing.java
```java
package edu.uibe.java.lab04;

public abstract class LivingThing {
    protected String name;

    //有参构造方法
    public LivingThing(String name){
        this.name = name;
        System.out.println("LivingThing Constructor! ");
    }

    //定义抽象方法
    public abstract void move();
```

```java
//定义非抽象方法
public String getName() {
return name;
    }

//定义非抽象方法
public void setName(String name) {
this.name = name;
    }
}
```

（2）编译 LivingThing.java，注意抽象类和抽象方法的定义语法。

步骤 2　覆盖抽象方法

（1）在 JavaLab 项目上创建一个新类 Human，定义为 LivingThing 的子类，具体抽象方法 move()，表示 Human 的移动行为。见代码 4-38。

代码 4-38　Human.java

```java
package edu.uibe.java.lab04;

public class Human extends LivingThing{
public Human(String name){
super(name);
        System.out.println("Human Constructor! ");
    }

// 实现抽象方法 move
public void move(){
        System.out.println("Human " + getName() + " walks...");
    }
}
```

（2）在 JavaLab 项目上创建一个新类 Owl，定义为 LivingThing 的子类，具体抽象方法 move()，表示 Owl 的移动行为。见代码 4-39。

代码 4-39　Owl.java

```java
package edu.uibe.java.lab04;
public class Owl extends LivingThing{

public Owl(String name){
super(name);
        System.out.println("Eagle Constructor! ");
    }
```

```java
// 实现抽象方法 move
public void move(){
    System.out.println("Owl " + getName() + " flies...");
    }
}
```

（3）在 JavaLab 项目上创建一个测试类 TestAbstract，在 main 方法中声明 LivingThing、Human 和 Owl 各种类型的变量，并给其赋值后进行比较。见代码 4-40。

代码 4-40　TestAbstract.java

```java
package edu.uibe.java.lab04;

public class TestAbstract {
    public static void main(String[] args) {
        // 声明 Human 类型的变量，并创建 Human 对象赋值给它
        Human hm = new Human("Harry");
        hm.move();
        System.out.println();

        // 声明 LivingThing 类型的变量，并把 Human 对象赋值给它
        LivingThing lv1 = hm;
        lv1.move();
        System.out.println();

        // 声明 LivingThing 类型的变量，并直接创建 Owl 对象赋值给它
        LivingThing lv2 = new Owl("hathaway");
        lv2.move();
        System.out.println();

        // 显示 hm 和 lv1 的对象信息和属性值，注意它们指向同一个对象实例
        System.out.println(hm + " ...... hm.getName() = " + hm.getName());
        System.out.println(lv1 + " ...... lv1.getName() = " + lv1.getName());
        // 比较 hm 和 lv1 是否是同一个对象实例
        // y is the same object instance.
        boolean b1 = hm.equals(lv1);
        System.out.println("Do hm and lv1 point to the same object instance? "
                + b1);
    }
```

}

（4）编译并运行 TestAbstract.java 和相关的类，观察运行结果，与程序代码相对照，理解抽象类的作用，掌握抽象类和抽象方法定义的语法。

实验 6　接口与实现

➤ 实验目的

（1）理解面向对象编程的基本思想。

（2）掌握接口的概念，掌握接口定义和实现接口的语法。

（3）进一步理解面向对象编程中的抽象概念。

➤ 实验内容

（4）编写几个 Java 的接口 interface 程序。

（5）编写 Java 类，根据需要实现不同的接口。

（6）编写几个 Java 接口，继承自前面所定义的接口。

➤ 课时要求

1 课时

➤ 实验要求

（1）假设有一个游戏：人猿泰山，游戏中有许多种怪物。按地域分：有的在天上飞，有的在地上跑，有的在水里游；按攻击方式分：有的能近距离物理攻击，有的能远距离射击。在 Java 中，对怪物的描述可以使用接口。

（2）根据需求，可以定义接口 OnLand、OnWater 和 OnAir 描述不同环境，定义接口 NearAttack 和 FarAttack 描述攻击方式，具体的怪物可以实现不同的接口。

（3）定义 BlackBear 类实现 OnLand、NearAttack 和 FarAttack 接口；定义 ManeatFish 类实现 OnWater 和 NearAttack 接口。定义测试类 TestInterface 测试接口抽象方法的具体实现。

（4）定义接口 LowestAttack，继承 OnLand，NearAttack 两个接口；OnEarth，继承 OnLand, OnWater, OnAir 三个接口。定义 Wolf 类实现 LowestAttack 接口。在 TestInterface.java 中添加语句，测试继承的接口。

步骤 1　定义接口

（1）在 JavaLab 项目上单击右键，在出现的弹出菜单中选择 New→Interface，出现"New Java Interface"对话框，在 name 文本框内输入 OnLand，创建一个接口 OnLand。在接口中定义抽象方法 landMove()。见代码 4-41。

代码 4-41　OnLand.java

```
package edu.uibe.java.lab04;
```

```java
//定义陆地接口
public interface OnLand {
void landMove();//陆地移动方法
}
```

（2）根据上一步的操作，在 JavaLab 项目上创建一个新接口 OnWater，定义抽象方法 waterMove()。见代码 4-42。

代码 4-42   OnWater.java

```java
package edu.uibe.java.lab04;

//定义水中接口
public interface OnWater {
void waterMove();//水中移动方法

}
```

（3）在 JavaLab 项目上创建一个新接口 OnAir，定义抽象方法 AirrMove()。见代码 4-43。

代码 4-43   OnAir.java

```java
package edu.uibe.java.lab04;

//定义空中接口
public interface OnAir {
void airMove();//空中移动方法

}
```

（4）在 JavaLab 项目上创建一个新接口 NearAttack，定义抽象方法 nearAttack()。见代码 4-44。

代码 4-44   NearAttack.java

```java
package edu.uibe.java.lab04;

//定义近距离攻击接口
public interface NearAttack {
int nearAttackPower = 10;//近距离攻击力
void nearAttack();//近距离攻击方法

}
```

（5）在 JavaLab 项目上创建一个新接口 FarAttack，定义抽象方法 farAttack()。见代码 4-45。

代码 4-45   FarAttack.java

```java
package edu.uibe.java.lab04;

//定义远距离攻击接口
public interface FarAttack {
    int farAttackPower = 5;//远距离攻击力
    void farAttack();//远距离攻击方法
}
```

（6）编译所有定义的接口。

（7）掌握接口和接口中方法定义的语法。

步骤 2   实现接口

（1）在 JavaLab 项目上创建一个空的抽象类 Monster，设计为众多怪物的父类。见代码 4-46。

代码 4-46   Monster.java

```java
package edu.uibe.java.lab04.inter;

public abstract class Monster {
}
```

（2）在 JavaLab 项目上创建一个新类 BlackBear，设计为 Monster 的子类，实现 OnLand、NearAttack、FarAttack 三个接口的抽象方法，表示 BlackBear 的三种具体行为。见代码 4-47，注意带下划线的代码。

代码 4-47   BlackBear.java

```java
package edu.uibe.java.lab04;

//黑熊类
class BlackBear extends Monster implements OnLand, NearAttack, FarAttack {
    // 实现 OnLand 接口的抽象方法
    public void landMove() {
        System.out.println("BlackBear landMove !");

    }

    // 实现 NearAttack 接口的抽象方法
    public void nearAttack() {
        System.out.println("BlackBear nearAttack !");
    }
```

```java
// 实现 FarAttack 接口的抽象方法
public void farAttack() {
    System.out.println("BlackBear farAttack !");
}
}
```

（3）在 JavaLab 项目上创建一个新类 ManeatFish，设计为 Monster 的子类，实现 OnWater, NearAttack 两个接口的抽象方法，表示 ManeatFish 的两种具体行为。见代码 4-48，注意带下划线的代码。

代码 4-48　ManeatFish.java

```java
package edu.uibe.java.lab04;

//食人鱼类
class ManeatFish extends Monster implements OnWater, NearAttack {
    // 实现 OnWater 接口的抽象方法
    public void waterMove() {
        System.out.println("ManeatFish waterMove !");
    }

    // 实现 NearAttack 接口的抽象方法
    public void nearAttack() {// 实现继承的方法 2
        System.out.println("ManeatFish nearAttack !");
    }
}
```

（4）在 JavaLab 项目上创建一个新类 TestInterface，声明 BlackBear 和 ManeatFish 类型的变量并创建对象，并使用实体化的方法。见代码 4-49。

代码 4-49　TestInterface.java

```java
package edu.uibe.java.lab04;

public class TestInterface {
    public static void main(String[] args) {
        // 声明 BlackBear 类型变量，并创建 BlackBear 对象
        BlackBear b = new BlackBear();

        System.out.println("......BlackBear is coming ......");
        b.landMove();
        b.farAttack();
        b.nearAttack();
```

```java
        // 声明ManeatFish类型变量，并创建ManeatFish对象
        ManeatFish m = new ManeatFish();
        System.out.println("\n......ManeatFishis coming ......");
        m.waterMove();
        m.nearAttack();
    }
}
```

（5）编译运行 TestInterface.java 和相关的类，观察运行结果，注意带下划线的代码，比较两个类对 nearAttack()抽象方法的不同实现对运行结果的影响。

步骤 3　接口的继承

（1）在 JavaLab 项目上创建一个新接口 LowestAttack，继承 OnLand, NearAttack 两个接口。见代码 4-50。

代码 4-50　LowestAttack.java

```java
package edu.uibe.java.lab04;

public interface LowestAttack extends OnLand, NearAttack{
}
```

（2）在 JavaLab 项目上创建一个新接口 OnEarth，继承 OnLand, OnWater, OnAir 三个接口。见代码 4-50。

代码 4-51　OnEarth.java

```java
package edu.uibe.java.lab04;

public interface OnEarth extends OnLand, OnWater, OnAir{
}
```

（3）在 JavaLab 项目上创建一个新类 Wolf，设计为 Monster 的子类，实现 LowestAttack 接口。见代码 4-52。

代码 4-52　Wolf.java

```java
package edu.uibe.java.lab04;

//狼类
public class Wolf extends Monster implements LowestAttack{
    // 实现LowestAttack继承的OnLand接口抽象方法
    public void landMove() {
        System.out.println("Wolf landMove !");
    }
```

```java
    // 实现 LowestAttack 继承的 NearAttack 接口抽象方法
    public void nearAttack() {
        System.out.println("Wolf nearAttack !");
    }
}
```

（4）修改 TestInterface.java 代码，在 main 方法中加入 Wolf 类的变量声明和初始化，调用实体化的方法，并编译运行，观察运行结果。

（5）理解 Interface 的多继承，掌握 Interface 继承的语法。

实验 7　多态

> **实验目的**

（1）理解面向对象编程的基本思想。
（2）理解 Java 多态形成的原因，理解绑定的概念。
（3）掌握通过覆盖、抽象类和接口实现多态的方法和语法。
（4）理解封装、抽象、继承和多态，以及多态的实现。

> **实验内容**

（1）编写测试类，通过上塑造型测试抽象类引起的 Java 程序多态性。
（2）编写测试类，通过上塑造型和下塑造型测试 Interface 引起的 Java 程序多态性。

> **课时要求**

1 课时

> **实验要求**

（1）定义测试类 TestPolyAbstr，在 main 方法里声明一个 LivingThing 类型的数组，设置 4 个元素，分别给初始化为 Human 和 Owl 类型的对象，通过对象调用实体化的抽象方法。

（2）定义一个测试类 TestPolyIf，在 main 方法中声明一个 Monster 类型的数组，设置 10 个元素，使用 BlackBear、ManeatFish 和 Wolf 随机初始化元素，通过下塑造型调用初始化后对象的方法进行攻击。

> **实验步骤**

步骤 1　通过抽象类的多态行为

（1）在 JavaLab 项目上创建一个测试类 TestPolyAbstr，在 main 方法里声明一个 LivingThing 类型的数组，设置 4 个元素，分别给初始化为 Human 和 Owl 类型的对象。见代码 4-53 TestPolyAbstr.java。

代码 4-53　TestPolyAbstr.java

```java
package edu.uibe.java.lab04.abst;

public class TestPolyAbstr {

    public static void main(String[] args) {
        // 声明 LivingThing 的数组并初始化
        LivingThing[] lt = new LivingThing[4];

        // 创建 LivingThing 子类的对象初始化的数组元素
        lt[0] = new Human("Harry Potter");
        lt[1] = new Human("Hermione Granger");
        lt[2] = new Owl("Hathaway");
        lt[3] = new Owl("SharpEyes");

        //抽象方法的覆盖引起的多态
        for(int i=0;i<lt.length;i++){
            lt[i].move();
        }
    }
}
```

（2）编译运行 TestPolyAbstr.java 和相关的类，观察运行结果，理解子类对抽象类的抽象对象的覆盖，引起了程序运行的多态。

步骤 2　通过 Interface 的多态行为

（3）在 JavaLab 项目上创建一个新类 GetMonsters，随机产生 BlackBear、ManeatFish 和 Wolf 中的任意一种 Monster。见代码 4-54 GetMonster.java。

代码 4-54　GetMonster.java

```java
package edu.uibe.java.lab04.inter;

public class GetMonster {
    public static Monster randMonster() {
        //随机产生一种怪物
        switch ((int) (Math.random() * 3)) {
        default: // To quiet the compiler
        case 0:
            return new BlackBear();
        case 1:
            return new ManeatFish();
```

```java
        case 2:
            return new Wolf();
        }
    }
}
```

（4）在 JavaLab 项目上创建一个测试类 TestPolyIf，在 main 方法中声明一个 Monster 类型的数组，设置 10 个分量，使用 GetMonster 初始化，调用初始化后对象的方法进行攻击。见代码 4-55 TestPolyIf.java。

代码 4-55　TestPolyIf.java

```java
package edu.uibe.java.lab04.inter;

public class TestPolyIf {

    /**
     * @param args
     */
    public static void main(String[] args) {
        // TODO Auto-generated method stub
        Monster m[];
        BlackBear bb;
        ManeatFish mf;
        Wolf wl;

        m = new Monster[10];
        //生成任意 10 个怪物
        for (int i = 0; i<m.length;i++){
            m[i] = GetMonster.randMonster();
            System.out.println("No. "+i+" monster is coming......");
            if (m[i].getClass() == BlackBear.class){
                //如果创建的是 BlackBear 类型的怪物，进行 BlackBear 的攻击
                bb = (BlackBear)m[i];
                bb.landMove();
                bb.farAttack();
                bb.nearAttack();
            }elseif (m[i].getClass() == ManeatFish.class){
                //如果创建的是 ManeatFish 类型的怪物，进行 ManeatFish 的攻击
                mf = (ManeatFish)m[i];
                mf.waterMove();
```

```java
            mf.nearAttack();
        }elseif (m[i].getClass() == Wolf.class){
            //如果创建的是Wolf类型的怪物，进行Wolf的攻击
            wl = (Wolf)m[i];
            wl.landMove();
            wl.nearAttack();
        }
        System.out.println();
    }
}
```

（5）编译运行 TestPolyIf.java 和相关的类，观察运行代码。再重新运行 3 次，对比运行的结果，对比 TestPolyIf.java 的代码，理解 Interface 引起的多态。

实验 8　综合实验：继承

> 实验目的

（1）理解面向对象编程的基本思想。
（2）学习通过继承扩充程序，体会继承带来的重用性的好处。
（3）理解封装、抽象、继承和多态，以及多态的实现。

> 实验内容

继承已有的一个复数类，在该类基础上通过继承增加新的计算功能。

> 课时要求

1.5 课时

> 实验要求

已有的一个复数类，x,y 分别代表实部和虚部。该类只支持加法(add)和乘法(multiply)计算，要求创建一个 MyComplexNumber 类，扩充该类的功能如下：

（1）增加求虚数的模（magnitude）的功能。
（2）复数的减法（minus）计算。
（3）原来的 toString 方法得到的复数表示是{3.5，12.81}的形式，要求在新的类里面修改为 3.5+12.81i 的形式。

> 实验步骤

步骤 1　输入 ComplexNumber 类定义代码。

（1）在 JavaLab 项目上创建一个新类 ComplexNumber，按照代码 4-56 定义类。

代码 4-56　ComplexNumber.java

```
package edu.uibe.java.lab04.prac;
```

```java
public class ComplexNumber {
    private double x, y;

    public ComplexNumber(double real, double imaginary) {
        this.x = real;
        this.y = imaginary;
    }

    public double real() {
        return x;
    }

    public double imaginary() {
        return y;
    }

    public String toString() {
        return "{" + x + "," + y + "}";
    }

    public ComplexNumber add(ComplexNumber a) {
        return new ComplexNumber(this.x + a.x, this.y + a.y);
    }

    public ComplexNumber multiply(ComplexNumber a) {
        return new ComplexNumber(x * a.x - y * a.y, x * a.y + y * a.x);
    }
}
```

（2）编译 ComplexNumber.java。

步骤 2　构造 MyComplexNumber 类

（1）在 JavaLab 项目上创建一个新类 MyComplexNumber，设置为 ComplexNumber 类的子类，定义 MyComplexNumber 的构造方法，注意 super 的使用。

（2）在 MyComplexNumber 类中添加两个方法 minus 和 magnitude 方法实现"减"和"求模"运算，并覆盖 toString 方法，使用 a+bi 的复数输出复数。见代码 4-57。

（3）在 MyComplexNumber 类的 main 方法中测试 ComplexNumber 和 MyComplexNumber 对象的相关运算，并输出结果。

代码 4-57 提示代码

```
public double magnitude();  //求模定义
public MyComplexNumber minus(MyComplexNumber a) ;  //减法定义
public MyComplexNumber(double real, double imaginary) {//构造方法
        super(real,imaginary);
}
```

实验 9　综合实验：抽象类

➢ 实验目的
（1）理解面向对象编程的基本思想。
（2）学习抽象类的设计方法，体会抽象类对程序的简化作用。
（3）通过继承扩充程序，练习通过继承来设计类和组织程序，体会继承带来的重用性的好处。
（4）理解封装、抽象、继承和多态，以及多态的实现。

➢ 实验内容
编写 Java 程序，实现企业员工的发薪计算。企业员工有月薪员工和小时工，月薪员工按照约定月薪发薪，小时工按照工作时长和单位时间工钱发薪。

➢ 课时要求
1.5 课时

➢ 实验要求
（1）定义 3 个类，分别代表员工（Employee）、月薪员工（Salaried）和小时工（Hourly），员工类是月薪员工类和小时工类的抽象，代表了月薪员工和小时工的共同特点。
（2）定义测试类 TestEmployee，在 main 方法中的测试以上 3 个类。声明月薪员工和小时工类型的对象病并初始化，设置相应的属性，进而计算不同员工的薪水并打印输出相应的信息。

➢ 实验步骤
步骤 1　定义抽象类 Employee
（1）在 JavaLab 项目上创建一个新类 Employee，设置 name 表示"名称"属性，定义有参的构造方法，定义抽象方法 pay()。

步骤 2　定义 Employee 的非抽象子类
（1）在 JavaLab 项目上创建一个新类 Salaried，设计为 Employee 的子类，添加 salary 变量描述是月薪员工的月薪属性，定义有参的构造方法，并实现抽象方法 pay()。
（2）在 JavaLab 项目上创建一个新类 Hourly，设计为 Employee 的子类，添加 hours 和 rate 变量，描述工作时长和单位时间工钱，定义有参的构造方法，并实现抽象方法

pay()。

(3) 在 JavaLab 项目上创建一个新类 TestEmployee,声明多个 Employee 类型的变量,分别使用 Salaried 和 Hourly 初始化,并调用 pay(),打印输出结果。

实验 10　综合实验:多态

> 实验目的

(1) 理解面向对象编程的基本思想。
(2) 练习使用面向对象的多态性设计可靠、简单、易维护的程序。
(3) 理解封装、抽象、继承和多态,以及多态的实现。

> 实验内容

采用多态设计一个可以求各类图形(圆,矩形)的面积和周长的通用类。

> 课时要求

1.5 课时

> 实验要求

(1) 定义抽象类 Shape 描述总的图形,定义 Shape 的子类 Circle 和 Rect,以及子类相关的属性。

(2) 定义类 GiveShapeArea,它提供 printArea 和 printCircum 方法,实现参数所传递的图形对象的面积和周长计算,并输出结果。设计这两个方法为静态方法,直接通过类名调用。

(3) 使用重载技术定义 printArea 和 printCircum 方法,针对参数传递的不同类型的图形对象计算面积和周长。

(4) 定义测试类测试接口引起的多态。

> 实验步骤

步骤 1　定义 Shape 类及其子类

(1) 在 JavaLab 项目上创建一个新类 Shape,任何一个图形都有面积和周长,但是不同的图形计算面积和周长的方法不一样,因此 Shape 类可以定义求面积 getArea()和求周长 getCircum()两个抽象方法,Shape 类定义为抽象类。

(2) 在 JavaLab 项目上创建一个新类 Circle,设计为 Shape 的子类。定义 Circle 的半径属性 radius,设置获取 radius 的 set 和 get 方法,以及 Circle 的构造方法,并覆盖实现 getArea()和 getCircum()两个抽象方法。

(3) 在 JavaLab 项目上创建一个新类 Rect,设计为 Shape 的子类。定义 Rect 的长 height 和宽 width 属性,设置获取 height 和 width 的 set 和 get 方法,以及 Rect 的构造方法,并覆盖实现 getArea()和 getCircum()两个抽象方法。

步骤 2　定义 GiveShapeArea 类：

（1）在 JavaLab 项目上创建一个新类 GiveShapeArea，根据参数类型的不同，分别重载定义两个静态方法：printArea(Circle c)、printArea(Rect r)、printCircum(Circle c)和 printCircum(Rect r)，在各方法中使用 Circle 和 Rect 提供的获取对象属性的方法，取得对象的属性值，求各自图形的周长和面积。

（2）重载定义两个静态方法：printArea(Shape s)、printArea(Shape s)，根据参数传递的对象所属子类，求取各自图形的周长和面积。

（3）编译 GiveShapeArea.java。

步骤 3　定义测试类

（1）在 JavaLab 项目上创建一个新类 TestShape，声明多个 Shape 类型的变量，分别使用 Circle 和 Shape 随机初始化，并调用 printArea()、printArea()。

（2）编译运行 TestShape.java 和相关的类，观察运行结果，理解 java 程序的多态性，以及使用面向对象的多态性可以设计可靠、简单、易维护的程序。

4.3　小　　结

本章共提供了 10 个实验，包括 7 个基本实验和 3 个综合实验。

通过前 3 个实验的练习，学生能够理解继承和抽象的概念，掌握子类的定义方法，理解子类对父类成员的继承、覆盖和隐藏，掌握子类构造方法的定义语法和父类构造方法的调用方法，理解继承中构造方法链。

通过实验 4 的练习，学生能够理解和掌握 final 的使用，实验 5-7 帮助学生学习抽象类的定义和使用，掌握接口的定义、继承和实现，多态的实现。

实验 8、9、10 是综合实验，帮助学生掌握和运用继承、抽象类和多态。

第 5 章

异 常 处 理

通过本章的实验，理解java异常的概念和异常处理机制，理解抛出和捕获的概念，学习java异常的继承结构，掌握java的try-catch-finally的异常处理结构，掌握自定义异常的语法和使用方法。

5.1 知 识 要 点

5.1.1 错误与异常

在 Java 程序执行期间，有可能会出现程序的意外终止的现象，Java 把引起的原因分为两大类：error（错误）和 exception（异常）。

> 错误

error 错误通常是程序员不可能通过代码来解决的问题，底层环境或者硬件的问题。这类现象称为错误或致命性错误。错误在运行时程序本身无法解决，只能依靠其他程序干预，否则会一直处于一种不正常的状态。

> 异常

exception 异常可以理解为程序运行过程中出现的意外情况。例如运算时除数为0，或操作数超出数据范围，打开一个文件时发现文件不存在，网络连接中断等等，这类运行错误现象称为异常。对于异常情况，可在源程序中加入异常处理代码，当程序出现异常时，由异常处理代码调整程序运行流程，使程序仍可正常运行直到正常结束。

由于异常是可以检测和处理的，所以产生了相应的异常处理机制。

5.1.2 异常的类型

Java 把异常当做对象来处理，并定义一个基类 java.lang.Throwable 作为所有异常的超类。在 Java API 中已经定义了许多异常类，这些异常类分为两大类，Error 和 Exception。Java 异常体系结构呈树状，其层次结构如图 5-1 所示。

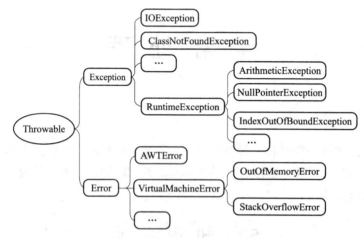

图 5-1 Java 异常体系结构

Throwable 是所有异常的基类，程序中一般不会直接抛出 Throwable 对象，Throwable 本身存在两个子类实例，一个是 Error，一个是 Exception。

➢ Error

在 Java 里，Error 是程序无法处理的错误，比如 OutOfMemoryError、ThreadDeath 等。这些异常发生时，Java 虚拟机一般会选择线程终止。

➢ Exception

在 Java 里，异常 Exception 指的是一下可以被捕获且可能恢复的异常情况，一般是程序中可预知的问题。Java 里的异常分为两大类的 checked Exception 和 unchecked Exception。

（1）checked Exception。

所有的 checked Exception 均从 java.lang.Exception 继承而来，从程序语法角度讲是必须进行处理的异常，如果不处理程序就不能编译通过。如 IOException、SQLException 以及用户自定义的 Exception 异常。

（2）unchecked Exception。

该类异常也就是 runtime Exception，继承于 RuntimeException 类或 Error 类，这种类型的

异常一般称为运行时异常，即在代码运行的时候可能会产生的异常。这种异常因为是在运行时抛出，一般情况下不需要进行捕获操作，如 NullPointerException、IndexOutOfBoundsException 等。这些异常一般是由程序逻辑错误引起的，程序应该从逻辑角度尽可能避免这类异常的发生。

5.1.3　Java 的异常处理机制

Java 的异常处理机制中，程序出错情况判别由系统承担。通过系统抛出的异常，程序可以很容易地捕获并处理发生的异常情况。Java 中处理异常有两种方式：捕获异常、抛出异常。

每当 Java 程序运行过程中发生一个可识别的运行错误时，即该错误有一个异常类与之相对应时，系统都会产生一个相应的该异常类的对象。该异常将被提交给 Java 运行时环境，这个过程称为抛出异常。

当 Java 运行时环境接收到异常对象时，会寻找能处理这一异常的代码并把当前异常对象交给其处理，这一过程称为捕获异常。在 Java 里面，异常处理机制的编程部分需要使用到几个关键字：try、catch、finally、throw、throws。

> 捕获异常

当 Java 运行时系统得到一个异常对象时，它将会沿着方法的调用栈逐层回溯，寻找处理这一异常的代码。找到能够处理这种类型的异常的方法后，运行时系统把当前异常对象交给这个方法进行处理，这一过程称为捕获（catch）异常。如果 Java 运行时系统找不到可以捕获异常的方法，则运行终止，退出 Java 程序。

捕获异常是通过 try-catch-finally 语句实现的，处理异常的程序结构如下：

```
try{
//接受监视的程序块，在此区域内发生的异常，由 catch 中指定的程序处理
}catch(要处理的异常种类和标识符){
//处理异常
}catch(要处理的异常种类和标识符){
//处理异常
}
...
}finally{
//最终处理
}
```

> 抛出异常

对于处理不了的异常或者要转型的异常，在方法中通过 throws 和 throw 语句抛出异常。throw 关键字是用于方法体内部，用来抛出一个 Throwable 类型的异常。throws 关键

字用于方法体外部的方法声明部分，用来声明方法可能会抛出某些异常。

5.1.4 用户定义异常

使用 Java 内置的异常类可以描述在编程时出现的大部分异常情况，但 Exception 和 Error 类提供的内置异常不能总是捕获程序中发上的所有错误，用户还可以根据自己的需求自定义异常。有时会创建用户自己的异常，用户自定义异常应该是 Exception 的子类。

在程序中使用自定义异常类，大体可分为以下几个步骤。

（1）创建自定义异常类，定义为 Exception 或 RuntimeException 的子类。

（2）在方法中根据需求，在某种情况下通过 throw 关键字抛出异常对象。

（3）如果在当前抛出异常的方法中处理异常，可以使用 try-catch 语句捕获并处理；否则在方法的声明处通过 throws 关键字指明要抛出给方法调用者的异常，继续进行下一步操作。

（4）在出现异常方法的调用者中捕获并处理异常。

5.2 实 验

下面的实验均基于 eclipse 平台。假设 eclipse 的 workspace 为 D:\workspace，已建 java 项目名称为 JavaLab。除特别说明之外，本章的实验所定义的类都放在包 edu.uibe.java.lab05 内，在创建新类时，在 java Class 对话框的 package 编辑框中填写 edu.uibe.java.lab05。

实验 1 异常处理

➤ 实验目的

（1）掌握异常处理的基本概念，理解捕获和抛出的概念。

（2）理解 try-catch-finally 结构在程序异常处理中各部分的作用，掌握程序中 try-catch-finally 结构的语法。

（3）学习系统基本异常类的使用。

➤ 实验内容

（1）编写 java 程序，使用 try-catch 捕获运行时的异常。

（2）编写 java 程序，使用 Exception 内置的方法获取异常的信息。

（3）编写 java 程序，使用 throws 抛出方法内的异常。

（4）编写 java 程序，应用 finally 结构。

➤ 课时

1.5 课时

实验要求

（1）定义 DivideByZero 类，在 main 方法中实现"除 0"的计算，尝试使用 try - catch 块捕捉异常并进行处理。

（2）定义 MultipleCatch 类，在 main 方法中实现输入操作、字符串转换数字操作和除法操作，使用多个 catch 语句来捕捉不同的异常。

（3）定义 ExperienceExceptions 类，根据参考代码定义 main 中的操作，编译运行后观察结果。

（4）定义 CallExceptionMethods 类，在 main 方法中实现输入操作、字符串转换数字操作和除法操作。利用 try-catch 结构捕获异常，catch 代码块中，使用 Exception 类内置方法获取异常信息。

（5）定义 NoCatch 类，在类中定义一个静态方法 getInt()，实现接收键盘输入及转换整数的操作，使用 throws 抛出可能产生的异常，并 main 中记性测试。

（6）定义 InCatch 类，在 main 方法中直接抛出一个异常，并在其 catch 代码块中抛出另一个异常，尝试不使用或使用 try-catch 结构捕获处理。

（7）定义 UseFinally 类，根据参考代码定义 main 中的操作，编译运行后观察结果。

实验步骤

步骤 1 捕获运行时异常

（1）打开 eclipse 平台，在 JavaLab 项目上创建新类 DivideByZero，在 main 方法中添加"除 0"的代码。见代码 5-1 DivideByZero.java。

代码 5-1 DivideByZero.java

```java
package edu.uibe.java.lab05;

import java.util.*;
public class DivideByZero {

    public static void main(String[] args) {
        System.out.println(123/0);

    }
}
```

（2）编译运行 DivideByZero.java 程序，观察运行结果，理解异常的概念。

（3）修改 DivideByZero.java 程序代码，通过 try - catch 块捕捉异常。见代码 5-2 修改 DivideByZero.java。

代码 5-2 修改 DivideByZero.java

```java
package edu.uibe.java.lab05;
```

```java
import java.util.*;
public class DivideByZero {
    public static void main(String[] args) {
try{
        System.out.println(3/0);
    } catch(Exception e){
        System.out.printf("Caught runtime exception = %s", e);

    }
    }
}
```

（4）重新编译运行 DivideByZero.java 程序，观察运行结果，理解 try-catch 结构的作用和处理机制。

（5）根据运行结果修改代码，使用更具体的异常类 ArithmeticException 作为捕获对象。见代码 5-3 再修改 DivideByZero.java。

代码 5-3 再修改 DivideByZero.java

```java
package edu.uibe.java.lab05;

import java.util.*;
public class DivideByZero {
    public static void main(String[] args) {
try{
        System.out.println(3/0);
    } catch(ArithmeticException e){
        System.out.printf("Caught runtime exception = %s", e);
    }
    }
}
```

（6）重新编译运行 DivideByZero.java 程序，观察运行结果，理解 java 的 Exception 异常处理类继承结构，复习 java 的 Exception 的体系结构，掌握使用 try-catch 结构的语法。

步骤 2　捕获多个异常

（1）在 JavaLab 项目上创建新类 MultipleCatch，在 main 方法中实现输入操作、字符串转换数字操作和除法操作。由于这些操作都可能引起异常，因此使用多个 catch 语句来捕捉异常。见代码 5-4 MultipleCatch.java。

代码 5-4 MultipleCatch.java

```
package edu.uibe.java.lab05;
```

```java
import java.io.*;

public class MultipleCatch {
    public static void main(String[] args) {
        BufferedReader buf;
        String str = "";

        try {
            // 创建输入流，等待键盘输入，可能引起IOException
            buf = new BufferedReader(new InputStreamReader(System.in));
            System.out.print("Input a number: ");
            str = buf.readLine(); // 接收键盘输入

            // 非数字的字符串将引起NumberFormatException
            int divisor = Integer.parseInt(str);

            // 如果divisor是0则引起ArithmeticException
            System.out.println(3 / divisor);
        } catch (NumberFormatException nfe) {
            System.out.println("Exception : Enter numeric value.");
        } catch (ArithmeticException exc) {
            System.out.println("Exception : Divisor was 0.");
        } catch (IOException e) {
            System.out.println("Exception : IO error.");
        } catch (Exception e) {
            System.out.println("Exception : all.");
        }
    }
}
```

（2）编译运行 MultipleCatch.java 程序，根据提示输入 0，观察运行结果，找到程序中对应的执行代码。

（3）重新运行程序，根据提示输入"good"，观察运行结果，找到程序中对应的执行代码。

（4）重新运行程序，根据提示输入 10，观察运行结果，找到程序中对应的执行代码。理解 catch 根据捕获的异常，进行独立处理。理解 Java 的异常处理机制实现了程序逻辑和异常处理分开，catch 捕获机制可以针对特定的异常进行处理。

（5）修改 MultipleCatch.java 程序代码，将最后一个 catch 代码段移动到第一个。重新编译程序，按照(3)(4)(5)的输入运行 3 次，观察运行结果，比较有何不同。理解 catch 语句的捕获顺序：如果前一个 catch 语句不捕获异常，下一个 catch 进行判断。

步骤 3 观察各种异常

（1）在 JavaLab 项目上创建新类 ExperienceExceptions，按照"代码 5-5 Experience Exceptions.java"输入代码。

代码 5-5 ExperienceExceptions.java

```java
package edu.uibe.java.lab05;

import java.io.*;
import java.util.*;

public class ExperienceExceptions {
    public static void main(String[] args) {
        // TODO Auto-generated method stub
        BufferedReader buf;
        String str = "";
        double a[] = { 1, 2, 3 };
        boolean isEnd = true;

        System.out.println("Enter number to experience Exceptions:");
        System.out.print("1.Divide by zero:\t");
        System.out.print("2.Bad cast:\t\t");
        System.out.println("3.Array bounds:");
        System.out.print("4.Null pointer:\t\t");
        System.out.print("5.String Bounds:\t");
        System.out.println("6.ArrayStore:");
        System.out.print("7.No such file:\t\t");
        System.out.print("8.NumberFormat:\t\t");
        System.out.println("9.Throw unknown:");
        System.out.println("0...quit\n");

        while (isEnd) {

            try {
                // 创建输入流，等待键盘输入，可能引起 IOException
                buf = new BufferedReader(new InputStreamReader(System.in));
                System.out.print("Input a number: ");
                str = buf.readLine(); // 接收键盘输入
```

```java
// 非数字的字符串将引起 NumberFormatException
int num = Integer.parseInt(str);

switch (num) {
case 1:
    a[1] = 3 / 0;
    break;
case 2:
    Object obj = new Integer(0);
    System.out.println((String) obj);
    break;
case 3:
    a[1] = a[10];
    break;
case 4:
    str = null;
    str.charAt(0);
    break;
case 5:
    String s = "Hello !";
    System.out.println(s.charAt(10));
    break;
case 6:
    Object x[] = new String[3];
    x[0] = new Integer(0);
    break;
case 7:
    FileInputStream f = new FileInputStream(
            "Java Source and Support");
    break;
case 8:
    Integer.parseInt("abc");
    break;
case 9:
    thrownew Exception("UnknownError");
case 0:
    isEnd = false;
    break;
default:
```

```
                break;
            }
        } catch (RuntimeException e) {
            System.out.println("Caught RuntimeException: " + e);
        } catch (Exception e) {
            System.out.println("Caught Exception: " + e);
        }
    }
}
```

（2）编译运行 MultipleCatch 程序，根据菜单提示，依次输入 1-9 个数字，观察每一次的运行结果，找到程序中对应的执行代码，理解在何种情况出现相应的各种异常。

步骤 4 Exception 类内置方法的调用

（1）在 JavaLab 项目上创建新类 CallExceptionMethods，在 main 方法中接收键盘输入，并转换成整数作为除数。利用 try-catch 结构捕获代码可能会产生的异常，在异常处理的 catch 代码块中，使用 Exception 类内置 get 方法，获取有关异常的信息并输出。见代码 5-6 CallExceptionMethods.java。

代码 5-6 CallExceptionMethods.java

```java
package edu.uibe.java.lab05;

import java.io.*;

public class CallExceptionMethods {

    public static void main(String[] args) {
        BufferedReader buf;
        String str = "";

        try {
            // 创建输入流，等待键盘输入，可能引起 IOException
            buf = new BufferedReader(new InputStreamReader(System.in));
            System.out.print("Input a string: ");
            str = buf.readLine(); // 接收键盘输入

            // 非数字的字符串将引起 NumberFormatException
            int divisor = Integer.parseInt(str);

            // 如果 divisor 是 0 则引进 ArithmetricException
```

```
            System.out.println(3 / divisor);

        } catch (Exception e) {
//调用 Exception 定义的 get 方法，获取相关信息
            System.err.println("Caught Exception ......");
            System.err.println("getMessage(): " + e.getMessage());
            System.err.println("getLocalizedMessage(): "
                + e.getLocalizedMessage());
            System.err.println("e.getCause(): "+e.getCause());
            System.err.println("toString(): " + e);
            System.err.print("printStackTrace(): ");
            e.printStackTrace();
        }
    }
}
```

（2）编译 CallExceptionMethods.java 程序，运行 3 次，分别根据提示输入 0、good 和 10，观察运行结果中的异常信息，找到程序中对应的执行代码，掌握 Exception 内置方法的使用。

步骤 5　抛出异常的方法

（1）在 JavaLab 项目上创建新类 NoCatch，在类中定义一个静态方法 getInt()，实现接收键盘输入，并转换成整数的操作。在 main 方法中使用定义的方法 getInt() 的返回值作为除数，并利用 try-catch 结构捕获代码可能会产生的异常。

（2）查看编辑器提示错误，然后在 getInt() 方法的参数列表后添加 "throws Exception"，观察变化，理解 throws 的作用。见代码 5-7 NoCatch.java。

代码 5-7　NoCatch.java

```java
package edu.uibe.java.lab05;

import java.io.*;

public class NoCatch {
    // 定义类方法，方法里可能存在 IOException
    // 方法本身不做处理，而把它抛出，让使用它的程序处理
    public static int getInt() throws Exception {
        BufferedReader buf;
        String str = "";

        // 创建输入流，等待键盘输入，可能引起 IOException
```

```java
        buf = new BufferedReader(new InputStreamReader(System.in));
        System.out.print("Input a string: ");
        str = buf.readLine(); // 接收键盘输入

        // 非数字的字符串将引起 NumberFormatException
        return Integer.parseInt(str);
    }

    public static void main(String[] args) {
        // 捕获 NoCatch.getInt() 抛出的 Exception
        try {
            // 如果 NoCatch.getInt() 是 0 则引起 ArithmeticException
            System.out.println(3 / NoCatch.getInt());

        } catch (Exception e) {
            System.err.println("Exception : " + e.getMessage());
            System.err.println(e.getClass());
        }
    }
}
```

（3）编译 NoCatch.java 程序，运行 3 次，分别根据提示输入 0、good 和 10，观察运行结果中的异常信息，与步骤 4 中产生的异常信息比较，理解程序中对异常的不同处理方式：抛出和捕获。

步骤 6　catch 代码中的异常

（1）在 JavaLab 项目上创建新类 InCatch，在 main 方法中直接抛出一个 ArithmeticException 类型的异常，并利用 try-catch 结构分别捕获 ArithmeticException 和 Exception 异常。在捕获 ArithmeticException 的 catch 代码块输出异常信息，并在此 catch 代码块中再次抛出一个 NumberFormatException 类型的异常。见代码 5-8 InCatch.java。

代码 5-8　InCatch.java

```java
package edu.uibe.java.lab05;

public class InCatch {

    public static void main(String[] args) {
        try {

            throw new ArithmeticException("My ArithmeticException");
```

```
            } catch (ArithmeticException ae) {
                System.err.println("1 - getMessage(): " + ae.getMessage());
                thrownew NumberFormatException("My NumberFormatException");
//              try {
//                  throw new NumberFormatException("My NumberFormatException");
//              } catch (NumberFormatException ne) {
//                  System.err.println("2 - getMessage(): " + ne.getMessage());
//              }
            }catch (Exception e) {
                System.err.println("3 - getMessage(): " + e.getMessage());
            }
        }
    }
```

（2）编译运行 InCatch.java 程序，观察运行结果中的异常信息，理解 catch 代码块中的抛出的异常并没有被下面的 catch 捕获。

（3）修改 InCatch.java，在 catch 代码块中同样使用 try-catch 结构捕获和处理抛出的异常。即：注释 catch 代码块中的抛出的异常的语句，把原来程序中的注释语句的"//"去掉。

（4）重新编译运行 InCatch.java 程序，观察运行结果中的异常信息，与前一次运行的结果比较，理解只有在 try 代码块中的异常才能被捕获，并且 try-catch 结构可以用在任何可能产生异常的 java 代码处。

步骤 7　finally 的应用

（1）在 JavaLab 项目上创建新类 UseFinally，参照"代码 5-9 UseFinally.java"编写代码。

代码 5-9　UseFinally.java

```
package edu.uibe.java.lab05;

publicclass UseFinally {
    publicstaticvoid main(String[] args) {
        boolean isEnd = true;
        int count = 0;

        while (isEnd) {
            // 捕获 NoCatch.getInt() 抛出的 Exception
            try {
                // 如果 NoCatch.getInt() 是 0 则引起 ArithmetricException
```

```java
            System.out.println(100 / NoCatch.getInt());
        } catch (Exception e) {
            System.err.println("Exception : " + e.getMessage());
            System.err.println(e.getClass());
        } finally {
            //循环 3 次则退出循环
            System.out.println("In finally......\n");
            count++;
            if (count == 3) isEnd = false;
        }
    }
    System.out.println("\nhaha! out of while......");
}
```

（2）编译 InCatch.java 程序，在运行中分别根据提示输入 0、good 和 10，观察运行结果中的输出信息，对照程序相应的代码，理解 finally 的作用，掌握 finally 使用的语法。

实验 2　自定义异常

➢ 实验目的

（1）掌握异常处理的基本概念，理解捕获和抛出的概念。

（2）掌握创建并抛出自己的异常类的语法，理解自定义异常的使用。

（3）理解自定义异常类将程序中多种方式的错误以异常方式定义，从而把程序逻辑和错误处理分开。

➢ 实验内容

（1）编写 java 程序，定义自己的异常类。

（2）编写 java 程序，定义自己异常类的异常信息。

（3）编写 java 程序，应用自定义异常。

➢ 课时

0.5 课时

➢ 实验要求

（1）定义自己的异常类 MySimpleException 类，编写测试类 MyExceptionTest 测试抛出和捕获 MySimpleException 异常。

（2）定义自己的异常类 SimplePasswordException，描述"口令输入太简单"的异常，通过覆盖 Exception 的 get 方法，定义自己的异常信息。

（3）定义 UseDefinedException 类，定义"口令"属性 pwd 和抛出 SimplePasswordException 的 setPassword()方法。setPassword()在设置 pwd 之前，对传递过来的参数字符串进行判断，如果长度小于 8，则抛出 SimplePasswordException。

> **实验步骤**

步骤 1　创建自己的异常

（1）在 JavaLab 项目上创建新类 MySimpleException，设计成 Exception 的子类，并使用测试类测试抛出和捕获 MySimpleException 异常。见代码 5-10 MySimpleException.java 和 MyExceptionTest.java。

代码 5-10　MySimpleException.java 和 MyExceptionTest.java

```java
package edu.uibe.java.lab05;

public class MySimpleException extends Exception{
    public MySimpleException(){

    }
    public MySimpleException(String str){
        super(str);
    }
}
package edu.uibe.java.lab05;

public class MyExceptionTest{
//定义抛出 MySimpleException 的方法 f()
public static void f() throws MySimpleException {
        System.out.println("Throwing MyException from f()");
throw new MySimpleException();
    }

//定义抛出 MySimpleException 的方法 g()
public static void g() throws MySimpleException {
        System.out.println("Throwing MyException from g()");
throw new MySimpleException ("Originated in g()");
    }

public static void main(String[] args) {
try {
f();
```

```java
        } catch (MySimpleException e) {
            e.printStackTrace();
        }
    }

    try {
        g();
        } catch (MySimpleException e) {
            e.printStackTrace();
        }
    }
}
```

（2）编译运行 MyExceptionTest.java 程序，观察运行结果，掌握定义异常类的语法，和使用自定义异常类的初步方法。

步骤2 定义自己的异常信息

（1）在 JavaLab 项目上创建新类 SimplePasswordException，设计成 Exception 的子类，描述"口令输入太简单"的异常。在类中覆盖 Exception 的 getMessage()方法，给出自定义异常的描述信息。见代码 5-11 SimplePasswordException.java。

代码 5-11　SimplePasswordException.java

```java
package edu.uibe.java.lab05;

public class SimplePasswordException extends Exception {
    public SimplePasswordException(){

    }
    public SimplePasswordException(String str){
        super(str);
    }
    public String getMessage(){
        return "Password is too simple (defined by myself)";
    }
}
```

（2）编译 SimplePasswordException.java 程序，尝试添加覆盖 Exception 其他输出信息的方法。

步骤3 应用自定义异常

（1）在 JavaLab 项目上创建新类 UseDefinedException，定义一个"口令"属性 pwd 和 setPassword()方法。

（2）setPassword()在设置 pwd 之前，对传递过来的参数字符串进行判断，如果长度小于 8，则抛出 SimplePasswordException，否则设置 pwd 为参数的值。setPassword()对抛出的异常捕获处理，抛出到方法外，由使用它的代码进行捕获处理。见代码 5-12 UseDefinedException.java。

代码 5-12　UseDefinedException.java

```java
package edu.uibe.java.lab05;

import java.io.*;

public class UseDefinedException {
    private String pwd;

    public void setPassword(String pwd) throws SimplePasswordException {
        if (pwd.length() < 8)
            throw new SimplePasswordException("Too Short Password");
        else
            this.pwd = pwd;
    }

    public static void main(String[] args) {
        BufferedReader buf;
        String str = "";

        try {
            // 创建输入流，等待键盘输入，可能引起 IOException
            buf = new BufferedReader(new InputStreamReader(System.in));
            System.out.print("Input a password more than 8 letters: ");
            str = buf.readLine();  // 接收键盘输入

            UseDefinedException u = new UseDefinedException();
            u.setPassword(str);

        } catch (SimplePasswordException se) {
            System.err.println("SimplePasswordException : "+se.getMessage());
        } catch (IOException ioe) {
            System.err.println("IOException : "+ioe.getMessage());
        }
    }
}
```

（3）编译运行 UseDefinedException.java 程序，观察运行结果，进一步理解自定义异常如何定义和使用。

5.3 小　　结

本章共提供了 2 个实验，通过这 2 个实验的练习，学生能够理解 java 对错误和异常的定义，掌握 java 异常捕获和抛出的语法，查看理解 java 定义的各种异常，掌握 try-catch-finally 的异常处理结构，掌握自定义异常的定义语法和使用方法。

第 6 章

数组与集合

通过本章的实验，理解 java 中数组与集合的概念和特点，掌握数组的定义和使用语法，掌握集合的特定和几种简单集合的使用语法。

6.1 知识要点

6.1.1 数组

> **一维数组声明的语法**

Java 语言中，数组是 Java 语言内置的类型，是一种最简单的复合数据类型。数组声明的语法格式：

```
Type[ ] arrayName;
```
或
```
Type  arrayName[ ];
```
例如：
```
int[] myIntArray;
String myStringArray[];
Circle myCircleArray[];
```

> **一维数组初始化**

定义后的数组不能直接使用，必须经过初始化分配内存后才能使用。创建数组的语法格式：

```
arrayName=new Type[length];
```

用关键字 new 构成数组的创建表达式，可以用 Type 指定数组的类型和 length 指定数组元素的个数。元素个数可以是常量也可以是变量。

> 一维数组元素初始化

数组元素的类型与声明的数组数据类型保持一致,每一个数组元素都相当于一个变量,需要对其进行初始化。基本类型的数组,可以在声明数组名时,给出了数组的初始值。程序便会利用数组初始值创建数组并对它的各个元素进行初始化。通过下面的表达式引用数组的一个元素:

```
arrayName[ index ] = new Type(参数列表);
```

> 多维数组

一维数组使用数组名与一个索引来指定存取数组中的元素,二维数组使用数组名与两个索引来指定存取数组中的元素,其定义方式与一维数组类似。对于其他多维数组的定义也是同样的方法。

二维数组的初始化,Java 语言中,由于把二维数组看作是数组的数组,数组空间不是连续分配的,所以不要求二维数组每一维的大小相同。

6.1.2 集合类

在 Java 语言中,Java 语言的设计者对常用的数据结构和算法做了一些规范(接口)和实现(具体实现接口的类)。所有抽象出来的数据结构和算法统称为 Java 集合框架(Java Collection Framework)。Java 程序员在具体应用时,不必考虑数据结构和算法实现细节,只需要用这些类创建出来一些对象,然后直接应用就可以了,这样就大大提高了编程效率。集合类包括 Collection 和 Map 两种,Collection 又分为 List 和 Set。

> Collection 接口

Collection 是最基本的集合接口之一,一个 Collection 代表一组 Object,即 Collection 的元素(Elements)。一些 Collection 允许相同的元素而另一些不行。一些能排序而另一些不行。List 和 Set 是继承自 Collection。

> List 接口

List 是有序的 Collection,使用此接口能够精确地控制每个元素插入的位置。使用索引可以直接访问 List 中的元素。List 允许有相同的元素。

ArrayList 是一种类似数组的形式进行存储,它的随机访问速度极快,而 LinkedList 的内部实现是链表,它适合于在链表中间需要频繁进行插入和删除操作,在具体应用时可以根据需要自由选择。

> Set 接口

Set 是一种不包含重复的元素的 Collection,即任意的两个元素 e1 和 e2 都有 e1.equals

(e2)=false。

Set 接口的常用具体实现有 HashSet 和 TreeSet 类。HashSet 能快速定位一个元素，需要实现 hashCode()方法来存取元素，它使用了哈希码的算法。TreeSet 则将放入其中的元素按序存放，要求放入其中的对象是可排序的。

➢ Map 接口

Map 接口用于维护键和值。Map 描述了从唯一的键到值的映射。一个 Map 中不能包含相同的键，每个键只能映射一个值。

Map 常用类有：HashMap 和 TreeMap。HashMap 用到了哈希码的算法，提供基于关键字搜索的快速查找的方法。TreeMap 则是对键按序存放。

Map 接口的特点是元素成对出现，以键和值的形式体现出来，键具有唯一性。

6.2 实　验

下面的实验均基于 eclipse 平台。假设 eclipse 的 workspace 为 D:\workspace，已建 java 项目名称为 JavaLab。除特别说明之外，本章的实验所定义的类都放在包 edu.uibe.java.lab06 内，在创建新类时，在 java Class 对话框中 package 编辑框中填写 edu.uibe.java.lab06。

实验 1　使用基本类型数组

➢ 实验目的

（1）掌握基本类型数组的定义、初始化、元素初始化和使用的语法。

（2）学习使用一维和二维数组，掌握其各自的特点。

➢ 实验内容

（1）编写 java 程序，使用基本类型的一维数组。

（2）编写 java 程序，使用基本类型的二维数组。

➢ 课时要求

0.5 课时

➢ 实验要求

（1）编写类 ArrayBasic，在 main 中定义一个长度为 10 的 int 类型数组，给其元素数组赋值并输出。

（2）编写类 ArrayBasicTwoDim，在 main 中定义两个 double 类型的二维数组变量 arrOne 和 arrTwo。arrOne 设置成 9*9 的长度，输出九九乘法表的结果；arrTwo 设置成一维长度为 3，二维长度不等的数组，给其元素数组赋值并输出。

实验步骤

步骤 1　一维 int 数组

（1）打开 eclipse 平台，在 JavaLab 项目上创建新类 ArrayBasic，在 main 方法中声明 int 类型数组 num，赋值为长度为 10 的 int 数组对象，并初始化每个数组元素，给其赋值为下标值的 10 倍，并输出值。见代码 6-1。

代码 6-1　ArrayBasic.java

```java
package edu.uibe.java.lab06;
public class ArrayBasic {
    public static void main(String[] args) {
        //声明 int 类型的数组变量 num
        int[] num;

        //初始化数组 num，创建长度为 10 的 int 数组对象
        num = new int[10];

        for(int i = 0; i < num.length; i++){
            //初始化每个数组元素，给其赋值
            num[i] = i*10;
            System.out.println(""+num[i]);
        }
    }
}
```

（2）编译运行 ArrayBasic.java 程序代码，查看运行结果，理解一维基本类型数组的声明、初始化、元素初始化和使用的必要步骤，掌握数组使用的基础语法。

步骤 2　二维 double 数组

（1）在 JavaLab 项目上创建新类 ArrayBasicTwoDim，在 main 方法中声明两个 double 类型的二维数组变量 arrOne 和 arrTwo。

（2）arrOne 设置成 9*9 的长度，输出九九乘法表的结果；arrTwo 设置成一维长度为 3，二维长度分别为 2、3、4 的数组，给其元素赋值为一维下标和二维下标加 10 的成绩，输出各元素。见代码 6-2。

代码 6-2　ArrayBasicTwoDim.java

```java
package edu.uibe.java.lab06;
public class ArrayBasicTwoDim {
    public static void main(String[] args) {
        //声明两个 double 类型的二维数组变量 arrOne,arrTwo
        double arrOne[][];
```

```java
double[][] arrTwo;

//初始化数组 arrOne, 创建长度为 9*9 的二维 double 数组对象
arrOne = new double[9][9];

for (int i = 0; i < arrOne.length; i++) {
    for (int j = 0; j < arrOne[i].length; j++) {
        //初始化每个数组元素,给其赋值
        arrOne[i][j] = (i + 1) * (j + 1);
        System.out.print("\t" + arrOne[i][j]);
    }
    System.out.println();
}
System.out.println();

//初始化数组 arrTwo, 创建长度为 3 的一维 double 数组的数组对象
arrTwo = new double[3][];

//初始化数组 arrTwo 为二维长度不等的数组
arrTwo[0] = new double[2];//创建长度为 2 的一维 double 数组对象
arrTwo[1] = new double[3];//创建长度为 3 的一维 double 数组对象
arrTwo[2] = new double[4];//创建长度为 4 的一维 double 数组对象

for (int i = 0; i < arrTwo.length; i++) {
    for (int j = 0; j < arrTwo[i].length; j++) {
        arrTwo[i][j] = i * (j + 10);
        System.out.print("\t" + arrTwo[i][j]);
    }
    System.out.println();
}
}
}
```

(3) 编译运行 **ArrayBasicTwoDim.java** 程序代码,查看运行结果,理解 java 二维基本类型数组的特点,掌握基本数据类型二维数组使用的基础语法。

实验 2 使用对象数组

> 实验目的

(1) 掌握对象类型数组的定义、初始化、元素初始化和使用的语法。

（2）掌握对象数组的元素对类定义属性和方法的使用语法。
> 实验内容

（1）编写 java 程序，使用 String 类型的数组。
（2）编写 java 程序，使用自定义类类型的数组。
> 课时要求

1 课时
> 实验要求

（1）编写类 ArrayBasicString，在 main 方法中声明两个 String 类型的数组变量 colors 和 favour 并初始化 colors，给 colors 的元素赋值为各种颜色的名称，给 favour 的元素赋值为随机数指向的 colors 元素。输出 favour 的值。

（2）创建新类 Circle，定义属性 radius、构造方法和相关方法。编写类 ArrayObj，在 main 方法中声明一个 Circle 类型的数组并初始化，使用 Circle 定义的方法。
> 实验步骤

步骤 1　String 数组

（1）在 JavaLab 项目上创建新类 ArrayBasicString，在 main 方法中声明两个 String 类型的数组变量 colors 和 favour 并初始化 colors，给 colors 的元素赋值为各种颜色的名称，给 favour 的元素赋值为随机数指向的 colors 元素。输出 favour 的值。见代码 6-3。

代码 6-3　ArrayBasicString.java

```java
package edu.uibe.java.lab06;
import java.util.Random;

public class ArrayBasicString {
    public static void main(String[] args) {
        Random rand = new Random();
        int num = 0;

        //声明 String 类型的数组 favour
        String favour[];
        //声明 String 类型的数组 colors，并直接初始化到元素
        String[] colors = { "black", "blue", "cyan", "darkGray",
                "gray","green","lightGray","magenta","orange","pink","red",
                "white", "yellow" };

        //初始化数组 favour，创建长度为 3 的 String 数组对象
        favour = new String[3];
```

```java
        //初始化favour每个数组元素,给其赋值
        for(int i= 0; i< favour.length;i++){
            num = rand.nextInt(colors.length);//取得小于colors 的随机整数
            favour[i] = colors[num];//给 favour 的元素赋值为 colors 的随机元素
            System.out.print(favour[i]+"\t");
        }
    }
}
```

(2) 编译运行 ArrayBasicString.java 程序代码,查看运行结果,理解 java 对象类型数组的特点,掌握对象类型数组使用的基础语法。

步骤 2 自定义对象数组

(1) 在 JavaLab 项目上创建新类 Circle,定义属性 radius,定义有参和无参的构造方法,定义 get()方法,定义求面积的 getArea()方法。见代码 6-4。

代码 6-4 Circle.java

```java
package edu.uibe.java.lab06;

public class Circle {
    private double radius = 0;

    public Circle() {
    }
    public Circle(double radius) {
        this.radius = radius;
    }

    public double getRadius() {
        return radius;
    }
    public double getArea() {
        return 3.14 * radius * radius;
    }
}
```

(2) 编译运行 Circle.java 程序代码。

(3) 在 JavaLab 项目上创建新类 ArrayObj,在 main 方法中声明一个 Circle 类型的数组,使用 Circle 有参的构造方法创建对象,初始化 ArrayObj 数组元素,使用 Circle 定义的 getRadius()和 getArea()方法输出信息。见代码 6-5。

代码 6-5 ArrayObj.java

```java
package edu.uibe.java.lab06;
import java.util.Random;
```

```java
publicclass ArrayObj {
    publicstaticvoid main(String[] args) {
        Random rand = new Random();

        // 声明 Circle 类型的数组 cc,并初始化长度为 5
        Circle[] cc = new Circle[5];

        // 使用 Circle 的有参构造方法,初始化 cc 的数组元素
        for (int i = 0; i < cc.length; i++) {
            cc[i] = new Circle(rand.nextInt(100));
            //数组元素调用 Circle 定义的方法
            System.out.println("radius: " + cc[i].getRadius() + "\t area: "
                + cc[i].getArea());
        }
    }
}
```

(4)编译运行 ArrayObj.java 程序代码,理解 java 对象类型数组的特点,掌握对象类型数组使用的基础语法,掌握通过数组元素使用对象属性和方法的语法。

实验 3 使用 Set 集合对象

> 实验目的

(1)了解如何声明和初始化 Set 集合对象。
(2)了解如何使用 Set 集合对象,了解 Set 集合对象的特点。

> 实验内容

创建、初始化和使用 HashSet 集合对象。

> 课时要求

1 课时

> 实验要求

(1)编写类 HashSetBasic,在 main 方法中声明 Set 变量并使用 HashSet 初始化,使用 HashSet 类提供的方法添加元素,并测试 HashSet 中元素是否可重复。

(2)编写类 HashSetRemoveItem,在 main 方法中声明 HashSet 变量并初始化,使用 HashSet 类提供的方法删除元素。

> 实验步骤

步骤 1 使用 HashSet

(1)在 JavaLab 项目上创建新类 HashSetBasic,在 main 方法中参照代码 6-6 输入代

码。

代码 6-6　HashSetBasic.java

```java
import java.util.HashSet;

public class HashSetBasic {
    public static void main(String[] args) {
        //创建 HashSet 对象
        HashSet hs = new HashSet(5, 0.5f);

        //在 HashSet 对象中添加元素
        System.out.println(hs.add("one"));
        System.out.println(hs.add("two"));
        System.out.println(hs.add("three"));
        System.out.println(hs.add("four"));
        System.out.println(hs.add("five"));

        // 打印 HashSet 对象
        System.out.println(hs);

        // 在 HashSet 中重复增加 one
        Boolean b = hs.add("one");
        System.out.println("是否可以被重复添加：" + (b?"是":"否"));
        System.out.println(hs);
    }
}
```

（2）编译运行 HashSetBasic.java 程序代码，观察运行结果，理解 Set 集合对象的特点和作用，了解 Set 对象的声明、初始化和使用语法。

（3）尝试在 HashSetBasic 中创建另一个新的 HashSet 对象 hsNew，初始容量为 5，将 2 个 String 对象、2 个 Circle 对象、3 个 Integer 对象添加到新创建的 hsNew 对象中，并且显示 hsNew 对象。

（4）重新编译运行 HashSetBasic.java 程序代码，观察运行结果，理解 Set 集合对象的特点和作用，了解 Set 对象的声明、初始化和使用语法。

步骤 2　HashSet 删除元素

（1）在 JavaLab 项目上创建新类 HashSetRemoveItem，在 main 方法中参照代码 6-7 输入代码。

代码 6-7　HashSetRemoveItem.java

```java
package edu.uibe.java.lab06;
```

```java
import java.util.*;

public class HashSetRemoveItem {
    public static void main(String[] args) {
        // 设置测试的数据
        String days[] = { new String("Monday"), new String("Tuesday"),
                new String("Sunday"), new String("Friday"),
                new String("Tuesday") };

        // 定义两个 HashSet 变量,并初始化
        Set uniques = new HashSet();
        Set dups = new HashSet();

        // 把 days 中的字符串添加到 uniques,如果重复添加到 dups
        for (int i = 0; i < days.length; i++)
            if (!uniques.add(days[i]))
                dups.add(days[i]);

        // 从 uniques 中删除与 dups 中相同的元素,即有重复的元素
        uniques.removeAll(dups);
        System.out.println("Unique words: " + uniques);
        System.out.println("Duplicate words: " + dups);
    }
}
```

(2)编译运行 HashSetRemoveItem.java 程序代码,观察运行结果,了解从 Set 对象中删除条目的语法。

实验 4 使用 List 集合对象

> 实验目的

(1)了解如何声明和初始化 List 集合对象。
(2)了解如何使用 List 集合对象,了解 List 集合对象的特点。

> 实验内容

创建、初始化和使用 List 集合对象。

> 课时要求

0.5 课时

> 实验要求

(1)编写类 ListBasic,在 main 方法中声明 ArrayList 变量并使用初始化,使用 ArrayList

类提供的方法添加、删除、查找元素，根据 ArrayList 创建 ListIterator 和 Object 数组。理解 ArrayList 的作用。

（2）编写类 ListAdvanced，在 main 方法中声明 LinkedList 变量并使用初始化，使用 ListLinkedList 类提供的方法添加、删除、查找元素，并克隆 LinkedList。

> 实验步骤

步骤 1　使用 ArrayList

（1）在 JavaLab 项目上创建新类 ListBasic，在 main 方法中参照代码 6-8 输入代码。

代码 6-8　ListBasic.java

```java
package edu.uibe.java.lab06;

import java.util.*;

public class ListBasic {
    public static void main(String[] args) {
        //创建初始容量为 2 的 ArrayList 对象
        ArrayList alist = new ArrayList(2);

        //输出 alist 的内容和长度
        System.out.println(alist + ", size: " + alist.size());

        //添加元素到 alist 中
        alist.add("Good");
        alist.add("Bad");
        alist.add(new String("Z"));
        alist.add(false);
        alist.add(2, new Integer(10));
        System.out.println(alist + ", size: " + alist.size());

        //从 alist 中删除值为 false 的元素
        alist.remove(false);
        System.out.println(alist + ", size: " + alist.size());

        //查看 alist 中是否包含特定的元素
        Boolean b = alist.contains("Bad");
        System.out.println("The list contains \"Bad\" ? " + b);
        b = alist.contains("p");
        System.out.println("The list contains p ? " + b);
        b = alist.contains(new Integer(10));
```

```java
            System.out.println("The list contains Integer of 10 ? " + b);

            //使用 alist 的方法创建 ListIterator
            ListIterator li = alist.listIterator();
            while (li.hasNext())
                System.out.println("From ListIterator = " + li.next());

            //使用 alist 的方法创建 object 数组
            Object a[] = alist.toArray();
            for (int i = 0; i < a.length; i++)
                System.out.println("From an Array = " + a[i]);
    }
}
```

（2）编译运行 ListBasic.java 程序代码，观察运行结果，理解 ArrayList 集合对象的特点和作用，了解 ArrayList 对象的声明、初始化和使用语法，了解 ArrayList 提供方法的使用语法和作用，了解通过 ArrayList 对象创建 Iterator 对象和 Object 数组的语法。

（3）尝试修改 ListBasic.java，创建一个新的 ArrayList 对象 MyList，初始容量为 5，将 2 个 String 对象、2 个 Circle 对象、3 个 Integer 对象添加到新创建的 MyList，对象中，并且显示 MyList 对象。

（4）重新编译运行 ListBasic.java 程序代码，观察运行结果，理解 ArrayList 集合对象的特点和作用，学习 ArrayList 对象的声明、初始化和使用语法。

步骤 2 使用 LinkedList

（1）在 JavaLab 项目上创建新类 ListAdvanced，在 main 方法中参照代码 6-9 输入代码。

代码 6-9 ListAdvanced.java

```java
package edu.uibe.java.lab06;

import java.util.LinkedList;

public class ListAdvanced {
    public static void main(String[] args) {
        // 定义 LinkedList 变量并初始化，并添加 2 个元素
        LinkedList llist = new LinkedList();
        llist.add(new Integer(1));
        llist.add(new Integer(2));
        llist.add(new Integer(3));
        llist.add("Pause");
```

```java
        System.out.println(llist + ", size: " + llist.size());

        // 使用 LinkList 的 addFirst 在 llist 的开始添加元素
        // 使用 LinkList 的 addLast 在 llist 的末尾添加元素
        llist.addFirst(new Integer(0));
        llist.addLast(new Integer(4));
        System.out.println(llist );

        // 使用 LinkList 的方法获取在 llist 不同位置的元素
        System.out.println(llist.getFirst() + ", " + llist.getLast());
        System.out.println(llist.get(2) + ", " + llist.get(4));

        // 使用 LinkList 的方法删除 llist 不同位置的元素.
        llist.removeFirst();
        llist.removeLast();
        llist.remove(2);
        System.out.println(llist);

        // 获取某个特定对象的位置
        System.out.println("Index of Pause String : " + llist.indexOf("Pause"));

        // 克隆 llist
        LinkedList clonedllist = (LinkedList) llist.clone();
        clonedllist.add(0, new String("Cloned LinkedList"));
        llist.add(0, new String("Original LinkedList"));
        System.out.println(llist);
        System.out.println(clonedllist);
    }
}
```

（2）编译运行 ListAdvanced.java 程序代码，观察运行结果，理解 LinkedList 集合对象的特点和作用，了解 LinkedList 对象的声明、初始化和使用语法，了解 LinkedList 提供方法的使用语法和作用，了解克隆 LinkedList 的语法。

实验 5 使用 Map 集合对象

> 实验目的

（1）了解如何声明和初始化 Map 集合对象。
（2）了解如何使用 Map 集合对象，了解 Map 集合对象的特点。

> **实验内容**

分别创建、初始化和使用 HashMap、TreeMap 和 LinkedHashMap 集合对象。

> **课时要求**

0.5 课时

> **实验要求**

（1）编写类 MapBasic，在 main 方法中声明 Map 变量并使用 HashMap 初始化，并对 9 个随机数统计出现频次，在 Map 中添加<随机整数,出现频次>映射，观察 HashMap 的构造过程。了解 HashMap 的特点。

（2）编写类 MapWithTree，在 main 方法中声明 Map 变量并使用 TreeMap 初始化，并对 9 个随机数统计出现频次，在 Map 中添加<随机整数,出现频次>映射，观察 TreeMap 的构造过程。了解 TreeMap 的特点。

（3）编写类 MapBasic，在 main 方法中声明 Map 变量并使用 LinkedHashMap 初始化，并对 9 个随机数统计出现频次，在 Map 中添加<随机整数,出现频次>映射，观察 LinkedHashMap 的构造过程。了解 LinkedHashMap 的特点。

> **实验步骤**

步骤 1　使用 HashMap

（1）在 JavaLab 项目上创建新类 MapBasic，在 main 方法中参照代码 6-10 输入代码。

代码 6-10　MapBasic.java

```java
package edu.uibe.java.lab06;

import java.util.*;

public class MapBasic {
    public static void main(String[] args) {
        // 创建测试数据
        Random rand = new Random();
        int data[] = { rand.nextInt(10), rand.nextInt(10), rand.nextInt(10),
                rand.nextInt(10), rand.nextInt(10), rand.nextInt(10),
                rand.nextInt(10), rand.nextInt(10), rand.nextInt(10) };

        // 声明并初始化创建一个 Map 对象 m
        Map<Integer, Integer> m = new HashMap<Integer, Integer>();
        Integer freq;
        for (int i = 0; i < data.length; i++) {
            //获取 m 中 data[i]值的位置
            freq = (Integer) m.get(data[i]);
```

```
            if (freq == null)//判断 m 中是否存在 data[i]
                freq = 1; //出现频次为 1
            else
                freq = freq + 1;//出现频次为 freq+1

            //更新 HashMap 中的对应关系
            m.put(data[i], freq);
            System.out.println("HashMap "+i+": " + m);
        }

        System.out.println("\nHashMap: " + m);
    }
}
```

（2）编译运行 MapBasic.java 程序代码，观察运行结果，理解 HashMap 集合对象的特点和作用，了解 HashMap 对象的声明、初始化和使用语法，了解 HashMap 提供方法的使用语法和作用。

步骤 2 使用 TreeMap

（1）在 JavaLab 项目上创建新类 MapBasic，在 main 方法中参照代码 6-11 输入代码。

代码 6-11 MapWithTree.java

```java
package edu.uibe.java.lab06;

import java.util.*;

public class MapWithTree {
    public static void main(String[] args) {
        // 创建测试数据
        Random rand = new Random();
        int data[] = { rand.nextInt(10), rand.nextInt(10), rand.nextInt(10),
                rand.nextInt(10), rand.nextInt(10), rand.nextInt(10),
                rand.nextInt(10), rand.nextInt(10), rand.nextInt(10)};

        // 声明并初始化创建一个 Map 对象 m
        Map<Integer, Integer> m = new TreeMap<Integer, Integer>();
        Integer freq;
        for (int i = 0; i < data.length; i++) {
            //获取 m 中 data[i]值的位置
            freq = (Integer) m.get(data[i]);
            if (freq == null)//判断 m 中是否存在 data[i]
```

```
                    freq = 1;  //出现频次为 1
                else
                    freq = freq + 1;//出现频次为 freq+1

                //更新 HashMap 中的对应关系
                m.put(data[i], freq);
                System.out.println("HashMap "+i+": " + m);
            }

            System.out.println("\nHashMap: " + m);
        }
    }
```

（2）编译运行 MapWithTree.java 程序代码，观察运行结果，理解 TreeMap 集合对象的特点和作用，了解 TreeMap 对象的声明、初始化和使用语法，了解 TreeMap 提供方法的使用语法和作用。

（3）与 MapBasic.java 运行结果比较，理解两个对象集合的不同。

步骤 3 使用 LinkedHashMap

（1）在 JavaLab 项目上创建新类 MapBasic，在 main 方法中参照代码 6-12 输入代码。

代码 6-12 MapWithLink

```java
package edu.uibe.java.lab06;

import java.util.*;

public class MapWithLink {
    public static void main(String[] args) {
        // 创建测试数据
        Random rand = new Random();
        int data[] = { rand.nextInt(10), rand.nextInt(10), rand.nextInt(10),
                rand.nextInt(10), rand.nextInt(10), rand.nextInt(10),
                rand.nextInt(10), rand.nextInt(10), rand.nextInt(10) };

        // 声明并初始化创建一个 Map 对象 m
        Map<Integer, Integer> m = new LinkedHashMap<Integer, Integer>();
        Integer freq;
        for (int i = 0; i < data.length; i++) {
            //获取 m 中 data[i]值的位置
            freq = (Integer) m.get(data[i]);
            if (freq == null)//判断 m 中是否存在 data[i]
```

```
            freq = 1;  //出现频次为1
        else
            freq = freq + 1;//出现频次为freq+1

        //更新HashMap中的对应关系
        m.put(data[i], freq);
        System.out.println("HashMap "+i+": " + m);
    }

    System.out.println("\nHashMap: " + m);
  }
}
```

（2）编译运行 MapWithLink.java 程序代码，观察运行结果，理解 LinkedHashMap 集合对象的特点和作用，了解 LinkedHashMap 对象的声明、初始化和使用语法，了解 LinkedHashMap 提供方法的使用语法和作用。

（3）与 MapBasic.java 和 MapWithTree.java 运行结果比较，理解三个对象集合的不同。

6.3 小　　结

本章共提供了 5 个实验，通过这些实验的练习，学生能够理解集合的概念，掌握基本类型和对象类型数组的定义、初始化和使用，掌握简单使用 Set 集合中 HashSet、List 集合中 ArrayList 和 LinkedList、以及 Map 集合中 HashMap、TreeMap 和 LinkedHashMap 的的语法，理解各种集合类型的特点，学会选择使用合适的集合类型。

第 7 章

线　　程

通过本章的实验，理解 java 线程的概念和线程的生命周期，掌握自定义线程的两种定义语法以及如何启动线程。

7.1 知 识 要 点

7.1.1 Thread 类和 Runnable 接口

创建新执行线程有两种方法。一种方法是将类声明为 Thread 的子类。该子类应覆写 Thread 类的 run 方法。还有一种是实现 Runnable 接口：

➢ 定义一个 Thread 类的子类

采用定义一个 Thread 类的子类实现多线程的步骤如下：

（1）定义一个 Thread 类的子类，并覆写 run()方法，在这个方法里插入你希望这个线程运行的代码。

（2）创建一个这个新类的对象。

（3）调用 Thread 对象的 start()方法来启动线程。

➢ 实现 Runnable 接口

使用这种实现接口的机制，可以解决 Java 语言不支持的多重继承的问题。Runnable 接口提供了 run()方法的抽象方法。

利用实现 Runnable 接口来实现多线程的步骤如下：

（1）定义一个类，实现 Runnalbe 接口，并覆写 run()方法，在这个方法里插入你希望这个线程运行的代码。

（2）创建这个新类的对象。
（3）创建一个 Thread 类的对象，用上面的 Runnable 对象作为构造方法参数。
（4）调用 Thread 对象的 start()方法来启动线程。

7.1.2 线程的生命周期

线程的生命周期是线程从产生到终止的全过程，一个线程在任何时刻都处于某种线程状态。一个线程的生命周期由线程类、新线程（New Thread）、就绪状态（Ready）、运行状态（Running）、阻塞状态（Blocked）、等待状态（Waiting）和定时等待状态（Timed Waiting）和终止状态（Terminated）。

7.2 实 验

下面的实验均基于 eclipse 平台。假设 eclipse 的 workspace 为 D:\workspace，已建 java 项目名称为 JavaLab。除特别说明之外，本章的实验所定义的类都放在包 edu.uibe.java.lab07 内，在创建新类时，在 java Class 对话框的 package 编辑框中填写 edu.uibe.java.lab07。

实验 1 继承 Thread 类

➤ 实验目的

（1）理解线程的概念，理解多线程执行的状态。
（2）掌握通过扩展 Thread 类的创建和启动一个线程的步骤和语法，理解 run()方法在线程执行中的作用。
（3）理解多线程的执行过程。

➤ 实验内容

（1）扩展 Thread 类，编写最简单的线程，并启动线程，掌握创建和启动一个线程的步骤和语法。
（2）扩展 Thread 类，编写一个线程类，实现多次打印当前活动线程的名称，启动多线程，观察多线程执行时的现象。
（3）扩展 Thread 类，编写一个线程类，尝试在构造方法启动 start()方法。

➤ 课时要求

1 课时

➤ 实验要求

（1）定义 Thread 的子类 SimpleThread，输出"Simple Thread"信息，实现最简单的线

程定义、创建和启动。

（2）定义 Thread 的子类 MultiThread，实现打印 10 次当前执行的线程名称，每次输出后线程休眠 500ms 的功能，在 main 方法中创建多个 MultiThread 线程对象测试多线程执行。

（3）定义 Thread 的子类 MultiThreadNew，使用构造方法启动 start()，实现打印 10 次当前执行的线程名称，每次输出后线程休眠 500ms 的功能，在 main 方法中创建多个 MultiThread 线程对象测试多线程执行。

➢ 实验步骤

步骤 1　最简单的线程

（1）打开 eclipse 平台，在 JavaLab 项目上创建新类 SimpleThread，设计为 Thread 的子类，覆盖其 run()方法，输出"Simple Thread"信息。

（2）在 main 方法中创建 SimpleThread 的对象，使用 start()方法启动线程。见代码 7-1。

代码 7-1　SimpleThread.java

```java
package edu.uibe.java.lab07;

public class SimpleThread extends Thread{
    //覆盖 Thread 的 run()方法
    public void run(){
        System.out.println("Simple Thread");
    }

    public static void main(String[] args) {
        // 创建一个 SimpleThread 线程 st
        SimpleThread st = new SimpleThread();

        //启动 st 线程，运行 run()方法内的程序代码
        st.start();
    }
}
```

（3）编译运行 SimpleThread.java 程序代码，观察运行结果，掌握线程的定义和启动步骤和语法。

（4）在 JavaLab 项目上创建测试类 TestSimpleThread，在类的 main 中创建 SimpleThread 对象并启动线程，编译运行程序代码，观察运行结果，理解其他类对已有线程类的使用方法。

步骤2 多线程执行

（1）在 JavaLab 项目上创建新类 MultiThread，设计为 Thread 的子类，覆盖其 run() 方法，使用循环实现打印 10 次当前执行的线程名称，每次输出后线程休眠 500ms。

（2）定义 MultiThread 的无参和有参构造方法，在有参构造方法中，传递线程的名称作为初始化时的线程名称。

（3）在 main 方法中的开始和结束时输出信息，使用 MultiThread 的有参构造方法创建 3 个不同名称的对象，并使用 start() 启动各线程。见代码 7-2。

代码 7-2 MultiThread.java

```java
package edu.uibe.java.lab07;

public class MultiThread extends Thread{
    //无参构造方法
    public MultiThread(){
    }
    //有参构造方法，传递线程的名称
    public MultiThread(String name){
        super(name);
        System.out.println(name + " is created !");
    }

    //覆盖 Thread 的 run() 方法
    public void run(){
        try{
            for (int i = 0; i<10;i++){
                Thread.sleep(500); //线程休眠 500ms
                //打印当前活动线程的名称
                System.out.println(Thread.currentThread().getName());

            }
        }catch(InterruptedException e){
        }
    }

    public static void main(String[] args) {
        // 提示主程序启动
        System.out.println("Main is started !");

        //创建三个线程，分别命名
```

```java
        MultiThread first = new MultiThread("first");
        MultiThread second = new MultiThread("second");
        MultiThread third = new MultiThread("third");

        //启动三个线程,各自执行其 run 方法中的程序代码
        first.start();
        second.start();
        third.start();

        // 提示主程序结束
        System.out.println("Main is ended !");
    }
}
```

（4）编译 MultiThread.java 程序代码,多次执行,观察比较每次执行结果,理解多线程执行时的独立性和获取资源的随机性。

（5）在 JavaLab 项目上创建测试类 TestMultiThread,在类的 main 中使用 MultiThread 的有参构造方法创建 3 个不同名称的对象,并启动各线程,编译程序代码,多次执行,观察比较运行结果,理解其他类对已有线程类的使用方法。

步骤 3　构造方法启动 start()方法

（1）在 JavaLab 项目上创建新类 MutiThreadNew,设计为 Thread 的子类,覆盖其 run()方法,使用循环实现打印 10 次当前执行的线程名称,每次输出后线程休眠 500ms。

（2）定义 MultiThread 的无参和有参构造方法,将默认的值或传递的参数作为初始化时的线程名称,并使用 start()启动本线程。

（3）在 main 方法中开始和结束时输出信息,使用 MultiThreadNew 创建 3 个不同名称的对象。见代码 7-3。

代码 7-3　MultiThreadNew.java

```java
package edu.uibe.java.lab07;

public class MultiThreadNew extends Thread {
    private static int count = 0;

    // 无参构造方法
    public MultiThreadNew() {
        super("thread"+count);
        count++;
```

```java
        // 启动本线程
        this.start();
    }

    // 有参构造方法,传递线程的名称
    public MultiThreadNew(String name) {
        super(name);
        System.out.println(name + " is created !");

        // 启动本线程
        this.start();
    }

    // 覆盖 Thread 的 run()方法
    public void run() {
        try {
            for (int i = 0; i < 10; i++) {
                Thread.sleep(500); // 线程休眠 500ms
                // 打印当前活动线程的名称
                System.out.println(Thread.currentThread().getName());
            }
        } catch (InterruptedException e) {
        }
    }

    publicstaticvoid main(String[] args) {
        // 提示主程序启动
        System.out.println("Main is started !");

        // 创建三个线程,分别命名
        MultiThreadNewfirst = newMultiThreadNew("one");
        MultiThreadNewsecond = newMultiThreadNew("two");
        MultiThreadNewthird = newMultiThreadNew("three");

        // 提示主程序结束
        System.out.println("Main is ended !");
    }
}
```

（4）编译 MultiThreadNew.java 程序代码，多次执行，观察比较每次执行结果，理解多线程执行时的独立性和获取资源的随机性。

（5）比较 MultiThread.java 和 MultiThreadNew.java 程序代码，理解线程的不同启动方式并掌握实现语法。

（6）在 JavaLab 项目上创建测试类 TestMultiThreadNew，在类的 main 中使用 MultiThread 的无参和有参构造方法创建几个不同名称的对象，编译程序代码，多次执行，观察比较运行结果，理解其他类对已有线程类的使用方法。

实验 2 实现 Runnable 接口

> 实验目的

（1）理解线程的概念，理解多线程执行的状态。

（2）掌握通过实现 Runnable 接口创建和启动一个线程的步骤和语法，理解实现 Runnable 的类和线程之间的关系，理解 run()方法在线程执行中的作用。

（3）理解多线程的执行过程。

> 实验内容

（1）编写一个 java 的类，实现 Runnable 接口，掌握创建和启动一个线程的步骤和语法。

（2）编写一个 java 的类，实现 Runnable 接口，实现多次打印当前活动线程的名称，启动多线程，观察多线程执行时的现象。

（3）编写一个 java 的类，实现 Runnable 接口，尝试在构造方法启动 start()方法。

> 课时要求

1 课时

> 实验要求

（1）定义 SimpleRunnable 类，实现 Runnable 接口，输出" Simple Runnable "信息。通过实现 Runnable 接口，实现最简单的线程定义、创建和启动。

（2）定义 MultiRunnable，实现 Runnable 接口，使用循环实现打印 5 次当前执行的线程名称，每次输出后线程休眠随机时间 sleepTime 的功能。在 main 方法中通过 MultiRunnable 对象创建多个 MultiThread 线程对象，测试多线程执行。

（3）定义 MultiRunnableNew，实现 Runnable 接口，使用构造方法启动 start()，使用循环实现打印 5 次当前执行的线程名称，每次输出后线程休眠随机时间 sleepTime 的功能。在 main 方法中通过 MultiRunnable 对象创建多个 MultiThread 线程对象，测试多线程执行。

实验步骤

步骤 1　最简单的 Runnable 实现线程

（1）在 JavaLab 项目上创建新类 SimpleRunnable，实现 Runnable 接口，并覆盖其 run() 方法，输出 " Simple Runnable "信息。

（2）在 main 方法中创建 SimpleRunnable 的对象 sr，把 sr 作为参数创建一个 Thread 对象 t，使用 start()方法启动线程 t。见代码 7-4。

代码 7-4　SimpleRunnable.java

```java
package edu.uibe.java.lab07;

public class SimpleRunnable implements Runnable {
    //覆盖 Runnable 的抽象方法 run()
    public void run() {
        System.out.println("Simple Runnable");
    }

    public static void main(String[] args) {
        // 创建一个 SimpleRunnable 对象
        SimpleRunnable sr = new SimpleRunnable();

        // 创建一个 Thread 对象 t，线程执行采用 sr 的 run()方法代码
        Thread t = new Thread(sr);

        //启动 t 线程
        t.start();
    }
}
```

（3）编译运行 SimpleRunnable.java 程序代码，观察运行结果，掌握实现 Runnable 接口创建和启动线程的步骤和语法。

（4）在 JavaLab 项目上创建测试类 TestSimpleRunnable，在类的 main 中创建 SimpleRunnable 对象，把其作为参数创建一个 Thread 对象并启动线程。编译运行程序代码，观察运行结果，理解其他类对已有线程类的使用方法。

步骤 2　使用 Runnable 接口实现多线程

（1）在 JavaLab 项目上创建新类 MultiRunnable，实现 Runnable 接口，覆盖其 run() 方法，使用循环实现打印 5 次当前执行的线程名称，每次输出后线程休眠随机时间 sleepTime。

（2）定义 MultiRunnable 的无参和有参构造方法，给 sleepTime 赋值 1000 以内随机

整数。

（3）在 main 方法中创建 MultiRunnable 的两个对象 mr1 和 mr2，把 mr1 和 mr2 作为参数分别创建 Thread 两个对象，使用 start()方法启动线程。见代码 7-5。

代码 7-5　MultiRunnable.java

```java
package edu.uibe.java.lab07;

public class MultiRunnable implements Runnable{
    //线程休眠时间
    int sleepTime = 0;

    public MultiRunnable(){
        sleepTime = (int)(Math.random()*1000);
    }

    //覆盖 Runnable 的抽象方法 run()
    public void run(){
        try{
            for(int i=0;i<5;i++){
                //线程休眠 sleepTime
                Thread.sleep(sleepTime);
                //打印当前活动线程的名称
                System.out.println(Thread.currentThread().getName()+sleepTime);
            }
        }catch(InterruptedException e){
        }
    }

    public static void main(String[] args) {
        // 提示主程序启动
        System.out.println("Main is started !");


        // 创建 2 个 MultiRunnable 对象
        MultiRunnable mr1 = new MultiRunnable();
        MultiRunnable mr2 = new MultiRunnable();

        // 创建 2 个 Thread 对象 t，线程执行分别采用 s1 和 s2 的 run()方法代码
```

```java
        new Thread(mr1,"mary").start();
        new Thread(mr2,"Tom").start();

        // 提示主程序结束
        System.out.println("Main is ended !");
    }
}
```

(4)编译 MultiRunnable.java 程序代码,多次执行,观察比较每次执行结果,理解多线程执行时的独立性和获取资源的随机性。掌握实现 Runnable 接口创建和启动线程的步骤和语法。

(5)在 JavaLab 项目上创建测试类 TestMultiRunnable,在类的 main 中实现 MultiRunnable 实现的多线程,编译程序代码,多次执行,观察比较运行结果,理解其他类对已有线程类的使用方法。

步骤 3　构造方法中启动 start()

(1)在 JavaLab 项目上创建新类 MultiRunnableNew,实现 Runnable 接口,覆盖其 run() 方法,使用循环实现打印 5 次当前执行的线程名称,每次输出后线程休眠随机时间 sleepTime。

(2)定义 MultiRunnable 的无参构造方法,给 sleepTime 赋值 1 000 以内随机整数,并创建一个 Thread 对象 t,将默认的值或传递的参数作为 t 初始化时的线程名称,使用 start()启动 t。

(3)在 main 方法中创建 MultiRunnable 的三个参数不同的对象。见代码 7-6。

代码 7-6　MultiRunnableNew.java

```java
package edu.uibe.java.lab07;

public class MultiRunnableNew implements Runnable{
    private static int count = 0;
    int sleepTime = 0;
    Thread t ;

    // 无参构造方法
    public MultiRunnableNew(){
        sleepTime = (int)(Math.random()*1000);

        //创建一个线程,线程执行自身定义 run()方法代码
        t = new Thread(this,"MultiRunnable"+count);
        count++;
```

```java
        //启动线程
        t.start();
    }

    // 有参构造方法，传递线程的名称
    public MultiRunnableNew(String name){
        sleepTime = (int)(Math.random()*1000);

        //创建一个线程，线程执行自身定义run()方法代码
        t = new Thread(this,name);

        //启动线程
        t.start();
    }

    //覆盖Runnable的抽象方法run()
    public void run(){
        try{
            for(int i=0;i<5;i++){
                //线程休眠sleepTime
                Thread.sleep(sleepTime);
                //打印当前活动线程的名称
                System.out.println(Thread.currentThread().getName()+sleepTime);
            }
        }catch(InterruptedException e){
        }
    }

    publicstaticvoid main(String[] args) {
        // 提示主程序启动
        System.out.println("Main is started !");

        //创建MultiRunnableNew对象
        new MultiRunnableNew("A");
        new MultiRunnableNew("B");
        new MultiRunnableNew("C");

        // 提示主程序结束
        System.out.println("Main is ended !");
    }
}
```

（4）编译 MultiRunnableNew.java 程序代码，多次执行，观察比较每次执行结果，理解多线程执行时的独立性和获取资源的随机性。

（5）比较 MultiRunnable.java 和 MultiRunnableNew.java 程序代码，理解线程的不同启动方式并掌握实现语法。

（6）在 JavaLab 项目上创建测试类 TestMultiRunnableNew，在类的 main 中使用 MultiRunnableNew 的无参和有参构造方法创建几个不同名称的对象，编译程序代码，多次执行，观察比较运行结果，理解其他类对已有线程类的使用方法。

实验 3 查看线程状态

> 实验目的

（1）理解线程的概念，理解多线程执行的状态。
（2）了解线程的生命周期，理解线程在生命周期中状态的转化。

> 实验内容

编写查看线程运行状态的类，并进行测试，观察线程运行中的状态。

> 课时要求

1 课时

> 实验要求

（1）定义 Thread 的子类 ShowState，定义有参构造方法，将观察的线程赋值为传递参数指向的线程。覆盖覆盖其 run()方法，使用线程的 getName()和 getState()方法，实现隔一定时间段输出当前观察线程的名称及其状态。

（2）定义 Thread 的子类 ShowThreadState，在 main 方法中创建 2 个 MultiThread 对象，使用 ShowState 对象观察其运行状态。

> 实验步骤

步骤 1 定义按时间间隔显示线程状态

（1）在 JavaLab 项目上创建新类 ShowState，设计为 Thread 的子类，覆盖其 run()方法，使用线程的 getName()和 getState()方法，实现隔一定时间段输出当前观察线程的名称及其状态。

（2）定义 ShowState 有参构造方法，把参数传递的线程赋值为观察线程变量 t 的值。见代码 7-7。

代码 7-7 ShowState.java

```java
class ShowState extends Thread{
    Thread t;

    public ShowState(Thread t){
```

```java
        this.t = t;
    }

    public void run(){
        try{
            for(int i=0;i<10;i++){
                //使用 getName 获取当前观察线程的名称，使用 getState 获取其状态
                System.out.println(t.getName()+" state is "+t.getState());
                Thread.sleep(200);
            }
        }catch(InterruptedException e){
        }
    }
}
```

（3）编译 ShowState.java，理解线程在休眠状态不能输出自身状态，需要另外定义一个线程来观察获取其状态。

步骤 2　使用显示线程状态的类

（1）在 JavaLab 项目上创建新类 ShowThreadState，在 main 方法中创建 2 个 MultiThread 对象 first 和 second，把 first 和 second 作为参数，创建各自的状态观察线程对象，并使用 start() 启动观察线程，然后使用 start() 启动 first 和 second 线程。见代码 7-8。

代码 7-8　ShowThreadState.java

```java
package edu.uibe.java.lab07;

public class ShowThreadState {

    public static void main(String[] args) {
        //创建 2 个 MultiThread 对象
        MultiThread first = new MultiThread("first");
        MultiThread second = new MultiThread("second");

        //对每一个 MultiThread 对象创建一个状态观察线程对象，并启动观察线程
        new ShowState(first).start();
        new ShowState(second).start();

        //启动 MultiThread 线程
        first.start();
        second.start();
    }
}
```

（2）编译运行 ShowThreadState.java 程序代码，多次运行，调整 ShowState 类中 run() 定义的循环次数和休眠时间，尝试查看到所有的线程状态。

实验 4 同步

> 实验目的

（1）理解线程的概念，理解多线程执行的状态。
（2）理解线程的同步概念，理解多线程执行时相互之间的独立关系。

> 实验内容

（1）编写间隔输出两个字符串的线程，无同步设置。
（2）编写间隔输出两个字符串的线程，通过同步方法来同步线程。

> 课时要求

1 课时

> 实验要求

掌握实验中给出的创建、初始化和使用 Set 集合对象的方法，参考教材练习其他方法。

> 实验步骤

步骤 1 无同步设置的线程

（1）在 JavaLab 项目上创建新类 UnSyn，实现 Runnable 接口，并覆盖其 run() 方法，实现输出属性 str1 后休眠 500ms，再输出属性 str2。
（2）定义有参构造方法，初始化 str1 和 str2 为所传递的两个 String 类型参数，创建 Thread 对象并启动。
（3）在 main 中创建 3 个 UnSyn 的对象，分别给予不同的参数。见代码 7-9。

代码 7-9 UnSyn.java

```
package edu.uibe.java.lab07;

publicclass UnSyn implements Runnable{
    Thread thread;
    String str1, str2;

public UnSyn(String str1, String str2) {
this.str1 = str1;
this.str2 = str2;
thread = new Thread(this);
thread.start();
    }
```

```java
public void run() {
        System.out.print(str1);
try {
            Thread.sleep(500);
        } catch (InterruptedException ie) {
        }
        System.out.println(str2);
    }

    publicstaticvoid main(String[] args) {
        //创建 3 个 UnSyn 对象,多线程执行,输出各自两个字符串
new UnSyn("Hello ", "there.");
new UnSyn("How are ", "you?");
new UnSyn("Thank you ", "very much!");
    }
}
```

(4) 编译 UnSyn.java,多次运行,观察运行结果,理解线程代码同步的概念。

(5) 在 JavaLab 项目上创建测试类 TestUnSyn,在类的 main 中编写 UnSyn 的 main 中同样的代码。编译运行程序代码,观察运行结果,理解无同步设置的线程在其他类中国使用会产生同样结果。

步骤2 通过同步方法来同步线程

(1) 在 JavaLab 项目上创建新类 Syn,实现 Runnable 接口。在 UnSyn.java 代码基础上进行修改,将 UnSyn 的 run()内代码使用方法 twoStrPrint()实现,并使用 synchronized 设置方法内代码同步。使用 run()方法调用 twoStrPrint()。见代码 7-10。

代码 7-10 Syn.java

```java
package edu.uibe.java.lab07;

publicclass Syn implements Runnable {
    Thread thread;
    String str1, str2;

public Syn(String str1, String str2) {
this.str1 = str1;
this.str2 = str2;

    //创建线程对象,线程执行自身定义 run()方法代码
    thread = new Thread(this);
    //启动线程
```

```java
        thread.start();
    }

//设置方法内代码同步
synchronized static void twoStrPrint(String str1, String str2) {
        System.out.print(str1);
    try {
            Thread.sleep(500);
        } catch (InterruptedException ie) {
        }
        System.out.println(str2);
    }

//run 方法执行同步后的代码
public void run() {
        twoStrPrint(str1,str2);
    }

        public static void main(String[] args) {
            //创建 3 个 Syn 对象,执行代码同步后输出各自两个字符串
new Syn("Hello ", "there.");
new Syn("How are ", "you?");
new Syn("Thank you ", "very much!");
        }
}
```

(2) 编译 Syn.java,多次运行,观察运行结果,理解线程代码同步的概念,掌握使用使用 synchronized 同步方法的语法。

(3) 在 JavaLab 项目上创建测试类 TestSyn,在类的 main 中编写 Syn 的 main 中同样的代码。编译运行程序代码,观察运行结果,理解同步设置的线程在其他类中使用会产生同样结果。

7.3 小　　结

本章共提供了 4 个实验,通过这些实验的练习,学生能够理解线程的概念,掌握通过继承 Thread 类定义线程和通过实现 Runnable 接口实现线程定义的方法,理解线程的生命周期和线程的状态,掌握查看线程状态和线程同步的语法。

第 8 章

输入输出流

通过本章的实验，理解 java 流的概念，掌握标准输入输出的使用语法以及字节流、字符流、缓冲流、数据流和文件及目录的使用语法。

8.1 知识要点

8.1.1 流的介绍

流（stream）的概念源于 UNIX 中的管道（pipe）的概念。在 UNIX 中，管道是一条不间断的字节流，用来实现程序或进程间的通信，或读写外围设备、外部文件等。流是一个很形象的概念，当程序需要读取数据的时候，就会开启一个通向数据源的流，这个数据源可以是文件、内存、或是网络连接，这个流称为输入流。类似的，当程序需要写入数据的时候，就会开启一个通向目的地的流，这个流称为输出流。

Java 的 I/O 是基于文本或者二进制数据的。基于文本的 I/O 主要用于读文本，数字等类型的文件；而基于数据的 I/O 主要用于读二进制文件，如图片、声音、影像等文件。在 Java 的 IO 中，所有的流都包括两种类型：

（1）字节流。

表示以字节（8 位）为单位从 stream 中读取或往 stream 中写入信息。

（2）字符流。

表示以 Unicode 字符（16 位）为单位从 stream 中读取或往 stream 中写入信息。

Java 中分别用四个抽象类来表示字节流和字符流，每种流又包括输入和输出两种（见表 8-1），Java 中其他多种多样变化的流均是由它们派生出来的。

表 8-1　javaI/O 流的四个抽象类

	输入流	输出流
字节流	InputStream	OutputStream
字符流	Reader	Writer

在这四个抽象类中，InputStream 和 Reader 定义了完全相同的接口：
```
int read()
int read( char cbuf[] )
int read( char cbuf[], int offset, int length )
```
OutputStream 和 Writer 定义了完全相同的接口：
```
int write( int c )
int write( char cbuf[] )
int write( char cbuf[], int offset, int length )
```
这些方法都是最基本的，更多灵活多变的功能是由它们的子类来扩充完成的。

字节流 I/O 类和字符流 I/O 类的命名与这四个抽象类有一定的对应关系。字节输入流类的名字以"InputStream"结尾。而字符输入流类的名字以"Reader"结尾。字节输出流类的名字后缀为"OutputStream"，而字符输出流类的名字后缀为"Writer"。

InputStream 和 OutputStream 派生出来的子类以字节(byte)为基本处理单位，包括：
```
FileInputStream、FileOutputStream
PipedInputStream、PipedOutputStream
ByteArrayInputStream、ByteArrayOutputStream
FilterInputStream、FilterOutputStream
DataInputStream、DataOutputStream
BufferedInputStream、BufferedOutputStream
```
Reader 和 Writer 派生出的子类以 16 位的 Unicode 码表示的字符为基本处理单位，包括：
```
InputStreamReader、OutputStreamWriter
FileReader、FileWriter
CharArrayReader、CharArrayWriter
PipedReader、PipedWriter
FilterReader、FilterWriter
BufferedReader、BufferedWriter
StringReader、StringWriter
```

8.1.2　标准输入输出流

标准输入输出指在字符方式下（如 DOS），程序与系统进行交互的方式，分为三种：

标准输入对象是键盘、标准输出对象是屏幕、标准错误输出对象也是屏幕。

Java 遵循标准 I/O 的模型，提供了 Syetem.in、System.out 以及 System.err 用于标准输入输出。System 类是一个最终类，它的属性和方法都是静态的，在程序中引用直接以 System 为前缀即可。一般情况下数据的标准输入来源是键盘，标准输出的目的地是屏幕。

8.1.3 文件和目录

Java 针对文件处理的时候提供了专用的文件类：File、FileDescriptor、FilePermission、RandomAccessFile，然后配合 IO 部分的类：FileInputStream、FileOutputStream、FileReader、FileWriter 来进行文件的操作，这几个类构成了 Java 里面常用的文件处理的结构。

（1）File 类声明。

public class File ectends Object implements Serializable,Comparable

（2）构造方法。

```
public File(String pathname)
public File(File patent,String chile)
public File(String patent,String child)
```

（3）文件名的处理。

```
String getName( );   //得到一个文件的名称（不包括路径）
String getPath( );   //得到一个文件的路径名
String getAbsolutePath( ); //得到一个文件的绝对路径名
String getParent( );   //得到一个文件的上一级目录名
String renameTo(File newName);  //将当前文件名更名为给定文件的完整路径
```

（4）文件属性测试。

```
boolean exists( );   //测试当前 File 对象所指示的文件是否存在
boolean canWrite( );  //测试当前文件是否可写
boolean canRead( );  //测试当前文件是否可读
boolean isFile( );   //测试当前文件是否是文件（不是目录）
boolean isDirectory( );  //测试当前文件是否是目录
```

（5）普通文件信息和工具。

```
long lastModified( );//得到文件最近一次修改的时间
long length( );  //得到文件的长度，以字节为单位
boolean delete( );  //删除当前文件
```

（6）目录操作。

```
boolean mkdir( );  //根据当前对象生成一个由该对象指定的路径
String list( );  //列出当前目录下的文件
```

8.2 实　验

下面的实验均基于 eclipse 平台。假设 eclipse 的 workspace 为 D:\workspace，已建 Java 项目名称为 JavaLab。除特别说明之外，本章的实验所定义的类都放在包 edu.uibe.java.lab08 内，在创建新类时，在 Java Class 对话框的 package 编辑框中填写 edu.uibe.java.lab08。

实验 1　标准输入输出

➢ **实验目的**

（1）理解流的概念。

（2）学习标准输入输出流类的使用，掌握 Java 标准输入输出的语法。

➢ **实验内容**

编写 Java 程序，实现简单的标准输入输出。

➢ **课时**

0.5 课时

➢ **实验要求**

编写类 BasicStandard，在 main 方法中使用标准输入输出实现键盘的输入和屏幕的输出。

➢ **实验步骤**

（1）打开 eclipse 平台，在 JavaLab 项目上创建新类 BasicStandard，在 main 方法中使用标准输入 System.in 从键盘接收输入，使用标准输出流 System.out 向屏幕输出键盘的输入字符。见代码 8-1。

代码 8-1　BasicStandard.java

```java
package edu.uibe.java.lab08;
import java.io.*;

public class BasicStandard {

    public static void main(String[] args) {
        char c = ' ';

        // 标准输出 System.out
        System.out.print("Enter a character please:");
        try {
            // 标准输入 System.in
```

```
              c = (char) System.in.read();
        } catch (IOException e) {
        }
        System.out.println("You've entered character " + c); // 打印2行空行
    }
}
```

（2）编译运行 BasicStandard.java，从键盘输入不同的字符，查看屏幕上 eclipse 的 console 视图中的执行结果。

实验 2　字节流

➢ 实验目的

（1）理解流的概念、理解字节流的概念。

（2）学习类 FileInputStream 和 FileOutputStream 的使用，掌握 java 使用字节流 I/O 操作读写文件的语法。

➢ 实验内容

编写 java 程序，使用 FileInputStream 和 FileOutputStream 实现文件的读写。

➢ 课时

0.5 课时

➢ 实验要求

编写类 FileInputOutputStream，在 main 方法中使用 FileInputStream 和 FileOutputStream 实现文件 in.txt 到 out.txt 的内容拷贝。

➢ 实验步骤

（1）在 windows 下的 d:\workspace\javalab 目录下，创建两个文本文件 in.txt 和 out.txt，并在 in.txt 文件中输入一段文字。

（2）在 JavaLab 项目上创建新类 FileInputOutputStream，在 main 方法中使用 FileInputStream 实现对文件 in.txt 按字节的读取，并把读取结果使用 FileOutputStream 写入 out.txt。见代码 8-2。

代码 8-2　FileInputOutputStream.java

```
package edu.uibe.java.lab08;
import java.io.*;

public class FileInputOutputStream {

    public static void main(String[] args) throws IOException {
        //声明存储数据的文件 in.txt 和接收输出数据的文件 out.txt
```

```
        File inputFile = new File("in.txt");
        File outputFile = new File("out.txt");

//声明 FileInputStream 变量用于读文件
//声明 FileOutputStream 变量用于读文件
        FileInputStream in = new FileInputStream(inputFile);
        FileOutputStream out = new FileOutputStream(outputFile);
//声明临时存储读出的字节
        int c;

        while ((c = in.read()) != -1){
            System.out.println(c);
            out.write(c);
        }

        System.out.println("File reading and writing have completed.");

        in.close();
        out.close();
    }
}
```

（3）编译运行 FileInputOutputStream.java，从 windows 下使用文本编辑器打开 in.txt 和 out.txt 查看程序执行结果。

（4）修改 in.txt 文件内容，重新执行 FileInputOutputStream.java 程序，观察 out.txt 文件的内容是否仍然和 in.txt 内容一致。

实验 3 字符流

> 实验目的

（1）理解流的概念、理解字符流的概念。

（2）学习类使用的 FileReader 和 FileWriter 的使用，掌握 java 使用字符流 I/O 操作读写文件的语法。

> 实验内容

编写 java 程序，使用 FileReader 和 FileWriter 实现文件的读写。

> 课时

0.5 课时

> 实验要求

编写类 FileReaderWriter，在 main 方法中使用 FileReader 和 FileWriter 实现文件

inChar.txt 到 outChar.txt 的内容拷贝。

> 实验步骤

（1）在 windows 下的 d:\workspace\javalab 目录下，创建两个文本文件 inChar.txt 和 outChar.txt，并在 inChar.txt 文件中输入一段文字。

（2）在 JavaLab 项目上创建新类 FileReaderWriter，在 main 方法中使用 FileReader 实现对文件 inChar.txt 按字节的读取，并把读取结果使用 FileWriter 写入 outChar.txt。见代码 8-3。

代码 8-3 FileReaderWriter.java

```java
package edu.uibe.java.lab08;
import java.io.*;

public class FileReaderWriter {
    public static void main(String[] args) throws IOException {
//声明存储数据的文件 inChar.txt 和接收输出数据的文件 outChar.txt
        File inputFile = new File("inChar.txt");
        File outputFile = new File("outChar.txt");

//声明 FileReader 变量用于读文件
//声明 FileWriter 变量用于读文件
        FileReader in = new FileReader(inputFile);
        FileWriter out = new FileWriter(outputFile);
//声明临时存储读出的字符
        char c;

        while ((c = in.read()) != -1) {
            System.out.println(c);
            out.write(c);
        }

     System.out.println("File reading and writing have completed.");
        in.close();
        out.close();
    }
}
```

（3）编译运行 FileReaderWriter.java，从 windows 下使用文本编辑器打开 inChar.txt 和 outChar.txt 查看程序执行结果。

（4）修改 inChar.txt 文件内容,重新执行 FileInputOutputStream.java 程序,观察 out.txt

文件的内容是否仍然和 in.txt 内容一致。

实验 4 缓冲流

➢ 实验目的

(1) 理解流的概念、理解缓冲流的概念。
(2) 学习使用 BufferedReader 和方法 BufferedWriter 类执行缓冲 I/O 操作。

➢ 实验内容

编写 java 程序，使用 BufferedReader 和方法 BufferedWriter 实现键盘输入和文件的读写。

➢ 课时

0.5 课时

➢ 实验要求

编写类 BufferedReaderWriter，在 main 方法中使用 BufferedReader 实现对键盘输入的缓冲，并把一行的字符串赋值给 String 类型的变量，使用 BufferedWriter 逐行写入文件 data.txt。

➢ 实验步骤

(1) 在 windows 下的 d:\workspace\javalab 目录下，创建一个文本文件 data.txt。
(2) 在 JavaLab 项目上创建新类 BufferedReaderWriter，在 main 方法中使用 BufferedReader 缓冲存储键盘输入的一行字符串，并使用 BufferedWriter 把这行字符串逐行写入文件 data.txt。见代码 8-4。

代码 8-4 BufferedReaderWriter.java

```java
package edu.uibe.java.lab08;
import java.io.*;

publicclass BufferedReaderWriter {
    publicstaticvoid main(String[] args) throws IOException {
        // 声明文件类型的变量并初始化
        File outfile = new File("d:/data.dat");
        // 声明缓冲输入流变量，并初始化为转化为字符流的标准输入流
        BufferedReader in = new BufferedReader(new InputStreamReader(System.in));
        // 声明缓冲输出流变量，并初始化为转化为字符流的文件流
        BufferedWriter out = new BufferedWriter(new FileWriter(outfile));
        String s;

        while ((s = in.readLine()).length() != 0) {// 输入行的字符串长度不为零
```

```
            System.out.println(s);//输出到屏幕
            out.write(s);//输出到文件
            out.newLine();//换行写入文件
        }
        out.close();
    }
}
```
(3) 编译运行 BufferedReaderWriter，从键盘输入多行字符串，观察 console 视图中的运行结果，在 windows 下使用文本编辑器打开 data.txt 查看程序执行结果。

实验 5 数据流

> 实验目的

（1）理解流的概念、理解数据流的概念。

（2）学习类 DataInputStream 和 DataOutputStream 的使用，掌握 java 使用字节流 I/O 操作读写文件的语法。

> 实验内容

编写 java 程序，使用 DataInputStream 和 DataOutputStream 实现对文件的读写。

> 课时

0.5 课时

> 实验要求

编写类 DataInputOutputStream，在 main 方法中使用 DataOutputStream 写入文件不同类型的数据，再使用 DataInputStream 读出文件的不同类型的数据，并输出到屏幕。

> 实验步骤

（1）在 windows 下的 d:\workspace\javalab 目录下，创建一个文本文件 invoice.txt。

（2）在 JavaLab 项目上创建新类 DataInputOutputStream，在 main 方法中定义 3 个数组，分别存放姓名、产品价格和产品数量 3 组数据，使用 DataOutputStream 按不同的数据类型把数据写入文件 invoice.txt，使用 DataOutputStream 按数据类型读出 data.txt 文件中的数据，并输出到屏幕。见代码 8-5。

代码 8-5　DataInputOutputStream.java

```
package edu.uibe.java.lab08;
import java.io.*;

publicclass DataInputOutputStream {
    publicstaticvoid main(String[] args) throws IOException {
        //  输出数据流
```

```java
DataOutputStream out = new DataOutputStream(new FileOutputStream(
        "invoice.txt"));

double[] prices = { 19.99, 9.99, 15.99, 3.99, 4.99 };
int[] units = { 12, 8, 13, 29, 50 };
String[] descs = { "Java T-shirt", "Java Mug", "Duke Juggling Dolls",
        "Java Pin", "Java Key Chain" };

for (int i = 0; i < prices.length; i++) {
    out.writeDouble(prices[i]);//按数据类型写入
    out.writeChar('\t');
    out.writeInt(units[i]);//按数据类型写入
    out.writeChar('\t');
    out.writeChars(descs[i]);//按数据类型写入
    out.writeChar('\n');
}
out.close();

// 输入数据流
DataInputStream in = new DataInputStream(new FileInputStream("invoice"));

double price;
int unit;
StringBuffer desc;
double total = 0.0;

String lineSepString = System.getProperty("line.separator");
char lineSep = lineSepString.charAt(lineSepString.length() - 1);

try {
    while (true) {
        price = in.readDouble();//按数据类型读入
        in.readChar(); // 读出 tab
        unit = in.readInt();//按数据类型读入
        in.readChar(); // 读出 tab
        char chr;
        desc = new StringBuffer(20);
        while ((chr = in.readChar()) != lineSep)//读出的字符不是回车
```

```
                desc.append(chr);
                System.out.println("You've ordered " + unit + " units of "
                        + desc + " at $" + price);
                total = total + unit * price;
            }
        } catch (EOFException e) {
        }
        System.out.println("For a TOTAL of: $" + total);
        in.close();
    }
}
```

（3）编译运行 DataInputOutputStream，观察 console 视图中的运行结果，在 windows 下使用文本编辑器打开 invoice.txt 查看程序执行结果。

实验 6 文件和目录

➢ 实验目的
（1）理解流的概念、理解文件和目录在 java 中的抽象。
（2）学习类 File 和 RandomAccessFile 的使用，掌握 java 中针对文件基本操作的语法。

➢ 实验内容
（1）编写 java 程序，实现创建文件、读写文件、获取文件属性等基本操作。
（2）编写 java 程序，实现创建目录、创建子目录、获取目录属性、删除目录等操作。
（3）编写 java 程序，实现随机文件中读写文件和随机位置的数据读写等基本操作。

➢ 课时
1.5 课时

➢ 实验要求
（1）编写新类 SimpleFile，实现声明 File 类型的变量、创建文件 myfile.dat、判断文件可读可写属性、写文件和关闭文件的操作。
（2）编写新类 SimpleDirectory，实现声明 File 类型的变量、创建目录 temp 和其子目录、列出目录内容、删除目录等操作。
（3）编写新类 SimpleRandomFile，使用 RandomAccessFile 类型的 writeIn()实现 10 个 1 000 以内的随机数写入，使用 seek()移动文件指针，把第 5 的倍数个整数值为 1 000 后，读取文件输出到屏幕。

➢ 实验步骤
步骤 1 文件处理
（1）在 JavaLab 项目上创建新类 SimpleFile，在 main 方法中声明 File 类型的变量 fn

并初始化文件名 myfile.dat，使用 createNewFile()创建文件，使用 exists()、canRead()、canWrite()和 lastModified()判断文件可读可写等属性，使用缓冲流实现写文件和关闭文件的操作。见代码 8-6。

代码 8-6 SimpleFile.java

```java
package edu.uibe.java.lab08;
import java.io.*;

public class SimpleFile {
    public static void main(String[] args) throws IOException {
        // 声明文件类型的变量并初始化
        String fileName = "myfile.dat";
        File fn = new File(fileName);

        // 声明缓冲输出流变量，并初始化为转化为字符流的文件流
        BufferedWriter out = new BufferedWriter(new FileWriter(fn));

        if (fn.exists()) {// 判断文件是否存在
            System.out.println(fileName + " does exist.");
        } else {
            fn.createNewFile();// 创建文件
            System.out.println(fn.getName() + " is created !");
        }

        if (fn.canRead()) {// 判断文件是否可读
            System.out.println(fileName + " is readable.");
        }

        if (fn.canWrite()) {// 判断文件是否可写
            System.out.println(fileName + " is writable.");
            out.write("This is first line.");// 输出到文件
            out.newLine();// 换行写入文件
            out.write("This is second line.");// 输出到文件
            out.close();
        } else {
            System.out.println(fileName + " is not writable.");
        }

        System.out.println(fileName + " is " + fn.length() + " bytes long.");
```

```
            System.out.println(fileName + " is last modifed at "
                  + new java.util.Date(fn.lastModified())); 
    }
}
```

（2）编译运行 SimpleFile.java，观察运行结果，在 windows 下使用文本编辑器打开 d:\workspace\javalab\invoice.txt 查看程序执行结果。

（3）再次执行 SimpleFile.java，观察运行结果和 invoice.txt 文件有何不同。

步骤 2　目录处理

（1）在 JavaLab 项目上创建新类 SimpleDirectory，在 main 方法中声明 File 类型的变量 dn 并初始化目录名 temp，声明 File 类型的变量 subOne 和 subTwo，在初始化时指定为 dn 的子目录，使用 mkdir()创建目录，使用 exists、isDirectory()、list()、delete()等方法实现对目录的操作。见代码 8-7。

代码 8-7　SimpleDirectory.java

```
package edu.uibe.java.lab08;
import java.io.*;

public class SimpleDirectory {
    public static void main(String[] args) {
        // 创建一个目录
        System.out.println("Creating temp directory...");
        File dn = new File("temp"); // 声明文件类型的变量并初始化
        dn.mkdir();// 创建目录

        // 在 temp 目录下创建子目录
        File subOne = new File(dn, "subOne");
        subOne.mkdir();
        File subTwo = new File(dn, "subTwo");
        subTwo.mkdir();

        // 使用 isFile()检测是目录还是文件
        System.out.println(dn.getName() + " is a "
              + (dn.isFile() ? "file." : "directory."));

        // 输出目录内容
        if (dn.isDirectory()) {
            String content[] = dn.list(); // 将目录内容放入 content 数组
            System.out.println("The content of this directory:");
```

```java
            for (int i = 0; i < content.length; i++) {
                System.out.println("> " + content[i]);
            }
        }

        // 删除目录
        if (subOne.exists()) {
            System.out.println("Deleting subOne directory...");
            subOne.delete();
        }
        if (dn.exists()) {
            System.out.println("Deleting temp directory...");
            dn.delete();
        }
    }
}
```

(2) 编译运行 SimpleDirectory.java，观察运行结果，在 windows 下使用查看 d:\workspace\javalab 下的目录 temp 和其子目录，查看程序执行结果。

(3) 对照程序代码，理解 delete()操作成功的条件。

(4) 再次执行 SimpleFile.java，观察运行结果第一次执行有何不同。

步骤3 随机存取文件处理

(1) 在 JavaLab 项目上创建新类 SimpleRandomFile，在 main 方法中声明 RandomAccessFile 类型的变量 raf 并初始化文件名 randInt，产生 1-0 个 1 000 以内的随机数，使用 writeInt()按整数写入文件后，使用 seek()移动文件指针到位置为 5 的倍数的整数，使用 writeInt()改值为 1 000。读出 randInt 文件输出到屏幕。见代码 8-8。

代码 8-8　SimpleRandomFile.java

```java
package edu.uibe.java.lab08;

import java.io.*;
import java.util.*;

public class SimpleRandomFile {
    public static void main(String[] args) {
        Random rand = new Random();
        int i;
        try {
            RandomAccessFile raf = new RandomAccessFile("randInt", "rw");
```

```java
        for (i = 0; i < 20; i++)
            raf.writeInt(rand.nextInt(1000));

        // 把位置为 5 的倍数的整数改为 1000
        i = 4;// 设置指针的第一个位置
        while ((i * 4) <= raf.length()) {
            raf.seek(i * 4);// 移动指针
            raf.writeInt(1000);
            i = i + 5;// 指针位置计算
        }

        raf.seek(0); // 文件指针指向文件开头
        // 输出文件中的整数
        i = raf.readInt();
        while (i != -1) {
            System.out.println(i);
            i = raf.readInt();
        }
        raf.close();
    } catch (IOException e) {
    }
}
```

（2）编译运行 SimpleRandomFile.java，观察运行结果，在 windows 下使用文本编辑器查看 d:\workspace\javalab 下的文件 randInt，观察文件中显示的文本。

（3）再次执行 SimpleRandomFile.java，观察运行结果第一次执行是否不同。

8.3　小　　结

本章共提供了 6 个实验，通过这些实验的练习，学生能够理解和掌握 Java 流的概念，掌握字节流和字符流的基本使用方法，掌握标准输入输出流的使用语法，掌握文件和目录的创建和访问方法。

第 9 章

用户图形界面

通过本章的实验，了解 javaGUI 的技术，理解 Applet、布局管理、事务处理的概念，掌握利用 AWT 工具包和 Swing 工具实现 java 图形界面的语法，掌握实现 Applet、布局管理、事务处理的语法。

9.1 知 识 要 点

9.1.1 Java 图形技术

Java 实现用户图形界面的程序分为两大类：Application 程序和 Applet 程序。对于 Application 程序，需要从 main 方法入口开始执行，前几章的 java 程序都属于这一类；Applet 程序和嵌入 Web 网页的小程序，通过浏览器激活执行。

JFC（Java Foundation Classes，Java 基础类），是 Java 的 GUI 组件和服务的完整集合。作为 J2SE 的一个有机部分，主要包含 5 个部分：AWT、Java2D、Accessibility、Drag & Drop、Swing。

到目前为止，跟踪 Java GUI 的发展和演化， Java 有 4 个主要的构建窗口程序库：AWT、Swing、SWT(Standard Widget Toolkit)和 JFace。这些程序库为 Java 的 GUI 提供丰富的图形组件和容器。

9.1.2 Java Applet

Applet（小应用程序）一般是嵌入在 HTML 中，由浏览器来运行的 java 小程序，可以在网页上实现图形显示。

Applet 是一种 Java 的小程序，都由 Java 类库中的 java.apple 包中 Applet 类继承而来。它通过使用该 Applet 的 HTML 文件，由支持 Java 的网页浏览器下载运行。也可以通过 java 开发工具的 appletviewer 来运行。

Applet 类提供了四个主要的方法：init、start、stop 和 destroy，它们构成了创建任何 Applet 的框架，并实现了一个 Applet 从诞生、执行到停止、消亡的生命周期。

基于 AWT 的 Applet 程序语法格式如下：

```
import java.awt.*;
import java.applet.*;
public class <类名称> extends Applet {
    //class body
}
```

Applet 类嵌入的 HTML 文件中关于 Applet 程序标记的格式如下：

```
<applet code="class 文件名" width=100 height=50>
</applet>
```

9.1.3　布局管理器

所谓布局，是指组件或容器在屏幕上的大小、排列和位置。布局管理是指按照某种策略或规则在屏幕上放置组件或容器。因为 Java 是跨平台语言，在 Java 的图形界面设计时，使用绝对坐标显然会导致问题，即在不同平台、不同分辨率下的显示效果不一样。Java 为了实现动态的布局效果，Java 将容器内的所有组件安排给一个"布局管理器"负责管理，布局管理器负责动态调整窗口移动或调整大小后组件的排列，不同的布局管理器使用不同算法和策略，容器可以通过选择不同的布局管理器来决定布局。通过布局管理器组合，能够设计出复杂的界面，而且在不同操作系统平台上都能够有一致的显示界面。

Java 已经为我们提供了几种常用的布局管理器类，例如：BorderLayout、BoxLayout、FlowLayout、GirdBagLayout、GirdLayout 和 CardLayout 等。

9.1.4　事件处理机制

Java 中所谓事件，是指针对图形界面的鼠标和键盘操作。事件机制是处理事件的方式和方法。Java 的事件处理基于委托事件处理模型，把事件的发生与事件的处理相分离，由监听器监听（等待）事件发生，事件发生后再由监听器委托事件处理器处理。Java 采取了授权事件模型（Delegation Event Model），事件源可以把在其自身所有可能发生的事件分别授权给不同的事件处理者来处理。

在事件处理的过程中，主要涉及三个主要部分：事件源、事件和事件处理。

> Event Source（事件源）：

事件源是指鼠标或键盘操作针对的组件或容器。事件发生时，事件源类负责发出事件发生的通知，并通过事件源查找自己的事件监听者队列，并将事件信息通知队列中的监听者来完成。同时，事件源还在得到有关监听者信息时负责维护自己的监听者队列。

> Event（事件）：

事件是指对组件或容器的鼠标或键盘的一个操作，用类描述。例如键盘事件类 KeyEvent 描述键盘事件的所有信息：键按下、释放、双击、组合键以及键码等相关键的信息。

> Event Handler（事件处理）：

Java 的事件处理由事件监听器类和事件监听器接口来实现。事件发生后，事件源将相关的信息通知对应的监听器，事件源和监听者之间通过监听者接口完成这类的信息交换。事件监听者类就是事件监听者接口的具体实现，当事件发生后，该主体负责进行相关的事件处理，同时，它还负责通知相关的事件源，自己关注它的特定的事件，以便事件源在事件发生时能够通知该主体。

9.1.5　Swing 容器和组件

Swing 是 AWT 的扩展，它提供了许多新的图形界面组件。Swing 组件以"J"开头，除了拥有与 AWT 类似的按钮（JButton）、标签（JLabel）、复选框（JCheckBox）、菜单（JMenu）等基本组件外，还增加了一个丰富的高层组件集合，如表格（JTable）、树（JTree）。

通常将 javax.swing 包里的 Swing 组件归为三个层次：

> 顶层容器

JFrame，JDialog，JApplet

> 中间层容器

JPanel，JScrollPane，JSplitPane，JTabbedPane，JToolBar

特殊用途的：JInternalFrame，JRootPane

> 原子组件

显示不可编辑信息的 JLabel、JProgressBar、JToolTip。

有控制功能、可以用来输入信息的 JButton、JCheckBox、JRadioButton、JComboBox、JList、JMenu、JSlider、JSpinner、JTexComponent 等。

能提供格式化的信息并允许用户选择的 JColorChooser、JFileChooser、JTable、JTree。

9.2　实　　验

下面的实验均基于 eclipse 平台。假设 eclipse 的 workspace 为 D:\workspace，已建 java

项目名称为 JavaLab。除特别说明之外，本章的实验所定义的类都放在包 edu.uibe.java.lab09 内，在创建新类时，在 java Class 对话框的 package 编辑框中填写 edu.uibe.java.lab09。

实验 1 applet

➢ 实验目的
（1）理解面向对象编程的基本思想，理解 java 的图形化编程。
（2）掌握 java 的 applet 类定义语法和在浏览器中调用的语法。
（3）理解 Applet 的生命周期。

➢ 课时要求
1 课时

➢ 实验内容
（1）编写一个最简单的 applet 类。
（2）编写一个 html 文件，使用 html 运行 applet 类。
（3）编写一个 applet 类，在 Applet 的各方法中输出信息，体验生命周期。

➢ 实验要求
（1）定义一个 JApplet 的子类 FirstApplet，在图形上输出信息"This is a applet！"。
（2）编写 html 文件 FirstApplet.html，在其中嵌入调用 FirstApplet.class 的代码，并运行 html 文件。
（3）定义一个 JApplet 的子类 AppletCycle，在其覆盖类所继承的 init()、start()、stop() 和 destroy() 方法，在方法中输出相应的信息，测试 Applet 的生命周期。

➢ 实验步骤
步骤 1 定义最简单的第一个 applet 类
（1）打开 eclipse 平台，在 JavaLab 项目上创建一个类 FirstApplet，设计为 JApplet 的子类，加载所需的 java 包，覆盖父类的 paint() 方法，实现显示"This is a applet！"字符串的功能。见代码 9-1。

代码 9-1 FirstApplet.java

```
//package edu.uibe.java.lab09;

import java.applet.*;
import java.awt.*;
import javax.swing.*;

public class FirstApplet extends JApplet{
    public void paint(Graphics g){
```

```java
        super.paint(g);
        g.drawString("This is a applet !", 30,30);
    }
}
```
(2) 编译运行 FirstApplet.java 程序，查看图形显示结果。

步骤 2　使用 html 运行

(1) 在 JavaLab 项目上单击右键，选择"New→Other"，在"Select a Wizard"对话框的列表中选择"Web→HTML file"，单击"Next"；在"HTML"对话框的列表中选择"javalab→src"，在 File name 编辑框中输入文件的名称"FirstApplet"，在创建一个 html 文件。在文件中写入调用 FirstApplet.class 的语句，保存文件。见代码 9-2。

代码 9-2　FirstApplet.html

```html
<HTML>
    <TITLE>HelloWorld! Applet</TITLE>
    <APPLETCODE="FirstApplet.class"WIDTH=200
        HEIGHT=100>
    </APPLET>
</HTML>
```

(2) 从操作系统目录 D:\workspace\javalab\bin 中找到 FirstApplet.html，用浏览器打开，查看浏览器运行结果。

步骤 3　Applet 的生命周期

(1) 打开 eclipse 平台，在 JavaLab 项目上创建一个类 AppletCycle，设计为 JApplet 的子类。在覆盖类所继承的 init()、start()、stop()和 destroy()方法，在方法中输出相应的信息。见代码 9-3。

代码 9-3　AppletCycle.java

```java
package edu.uibe.java.lab09;

import java.applet.Applet;
import java.awt.*;

public class AppletCycle extends Applet {
    int initCount = 0, startCount = 0, stopCount = 0, destroyCount = 0;

    public void init() {
        System.out.print("Now init() is working !" + initCount + "\n");
        initCount++;
    }
```

```java
    public void start() {
        System.out.print("Now start() is working !" + startCount + "\n");
        startCount++;
    }

    public void stop() {
        System.out.print("Now stop() is working !" + stopCount + "\n");
        stopCount++;
    }

    public void destroy() {
        System.out.print("Now destroy() is working !" + destroyCount + "\n");
        destroyCount++;
    }

    public void paint(Graphics g){
        g.drawString("Try to mininize this windows !",5,15);
    }
}
```

（2）编译运行 AppletCycle.java 程序，观察 eclipse 的 console 窗口输出信息，理解 init() 方法和 start() 方法的作用；把 AppletCycle 的图形窗口最小化，最大化，再观察 eclipse 的 console 窗口输出信息；重复上面的操作 2 次，理解 stop()方法和 start()方法的作用；关闭 AppletCycle 的图形窗口，再观察 eclipse 的 console 窗口输出信息，理解 destroy() 方法的作用。

（3）理解 Applet 生命周期和调用各方法的时机，掌握各方法的使用。

实验 2 GUI 的 Application

> 实验目的

（1）理解面向对象编程的基本思想。
（2）掌握 java 的窗口 JFrame 类定义语法，初始化方法和基本的属性设置。
（3）掌握基本组件 JButton 和 JTextField 的定义语法、基本属性设置，以及添加到 JFrame 中的语法。
（4）理解容器和组件的概念，了解 Swing 包中容器和组件类的使用方法。

> 课时要求

1 课时

> 实验内容

（1）编写一个最简单的 Java 的 JFrame 窗口。

(2）编写一个具有按钮和文本框的 JFrame 窗口类。
> 实验要求

（1）定义一个 JFrame 的子类 FirstJFrame，在构造方法中按照自己的需求定义窗口的大小、标题，并设置窗口为可视。

（2）定义一个 JFrame 的子类 ButtonAndField，在类中定义 JButton 和 JTextField 类型的两个属性，并初始化。在构造方法中把这两组件用 add()方法加到窗口上，并在 main 中创建一个 ButtonAndField 对象进行测试。

> 实验步骤

步骤 1　第一个 application

（1）打开 eclipse 平台，在 JavaLab 项目上创建类 FirstJFrame，设计为 JFrame 的子类，加载所需的 java 包。在 FirstJFrame 的构造方法中使用从 JFrame 继承的 set 方法，设置 FirstJFrame 的属性。见代码 9-4。

代码 9-4　FirstJFrame.java

```java
package edu.uibe.java.lab09;

import java.awt.*;
import javax.swing.*;

public class FirstJFrame extends JFrame{

    public FirstJFrame(){
        //设置窗口大小
        this.setSize(300, 200);

        //设置窗口不可改变大小
        this.setResizable(false);

        //设置窗口大小
        this.setTitle("Hello World！");

        //设置窗口为可视状态
        this.setVisible(true);
    }

    public static void main(String[] args) {
        //创建 FirstJFrame 对象
        FirstJFrame fj = new FirstJFrame();
    }
}
```

（2）编译运行 FirstJFrame.java 程序，观察运行结果。
（3）修改 set 方法设置的值，重新编译运行程序，观察运行结果。

步骤 2　JButton 和 JTextField

（1）在 JavaLab 项目上创建类 ButtonAndField，设计为 JFrame 的子类，加载所需的 java 包。在类中定义 JButton 和 JTextField 类型的两个属性，并初始化。在构造方法中把这两组件用 add() 方法加到窗口上，并在 main 中创建一个 ButtonAndField 对象。见代码 9-5。

代码 9-5　ButtonAndField.java

```java
package edu.uibe.java.lab09;

import java.awt.*;
import javax.swing.*;


public class ButtonAndField extends JFrame {
    //声明 JButton 变量 btn，并初始化
    private JButton btn = new JButton("Hello World !");

    //声明 JTextField 变量 btn，并初始化时设定默认文本和编辑框长度
    private JTextField txf = new JTextField("Enter text...",20);

    public ButtonAndField(){
        this.setSize(300, 200);
        this.setResizable(false);
        this.setTitle("Button and TextField");
        this.setLayout(new FlowLayout());

        //将组件添加到 JFrame 中
        this.add(btn);
        this.add(txf);

        this.setVisible(true);
    }
    /**
     * @param args
     */
    public static void main(String[] args) {
        //创建一个 ButtonAndField 对象
```

```
        new ButtonAndField();
    }
}
```

（2）编译运行 ButtonAndField.java 程序，观察运行结果，体验 Swing 的按钮和文本编辑框的效果，并单击和输入。

实验 3　布局管理

> **实验目的**

（1）理解面向对象编程的基本思想。

（2）理解布局管理的概念，理解布局管理与容器和组件的关系，了解 java GUI 提供的布局管理类型和呈现状态。

（3）掌握 FlowLayout、BorderLayout 和 GridLayout 的布局设置语法和使用方法。

> **课时要求**

1 课时

> **实验内容**

编写三个 JFrame 的子类，分别实现 FlowLayout、BorderLayout 和 GridLayout 三种布局，并使用按钮呈现布局的外观。

> **实验要求**

（1）定义 JFrame 的子类 MyFlow，将自身的布局类型定义为 FlowLayout，并添加 JButton 类型数组，显示效果。在 main 中创建 MyFlow 对象，观察 FlowLayout 布局。

（2）定义 JFrame 的子类 MyBorder，将自身的布局类型定义为 BorderLayout，并添加 JButton 类型数组，显示效果。在 main 中创建 MyBorder 对象，观察 BorderLayout 布局。

（3）定义 JFrame 的子类 MyGrid，将自身的布局类型定义为 GridLayout，并添加 JButton 类型数组，显示效果。在 main 中创建 MyGrid 对象，观察 GridLayout 布局。

> **实验步骤**

步骤 1　FlowLayout 布局

（1）在 JavaLab 项目上创建类 MyFlow，设计为 JFrame 的子类，加载所需的 java 包。在类中定义一个 JButton 类型数组的成员变量。在构造方法中将窗口的布局设置为 FlowLayout 类型，初始化数组，并用 add()方法将每一个数组成员添加到窗口中。

（2）在 main 方法中创建一个 MyFlow 的对象。见代码 9-6。

代码 9-6　MyFlow.java

```
package edu.uibe.java.lab09;
```

```java
import java.awt.*;
import javax.swing.*;

public class MyFlow extends JFrame{

    JButton[] b;

    public MyFlow(){
        this.setTitle("FlowLayout Example");
        this.setSize(300, 300);

        //设置布局为 FlowLayout 布局
        this.setLayout(new FlowLayout(FlowLayout.LEADING,20,20));

        b = new JButton[9];
        for (int i=0;i<b.length;i++) {
            b[i]=new JButton("Button "+i);

            //直接添加按钮到窗口
            this.add(b[i]);
        }
        this.setVisible(true);
    }

    public static void main(String[] args) {
        // 创建 MyFlow 对象
        MyFlow f = new MyFlow();
    }
}
```

（3）编译运行 MyFlow.java 程序，测试布局的外观和对组件位置的作用。改变窗口的大小和形状，观察按钮布局的变化，掌握 FlowLayout 布局的特点和设置容器为 FlowLayout 布局的语法。

步骤 2 BorderLayout 布局

（1）在 JavaLab 项目上创建类 MyBorder，设计为 JFrame 的子类，加载所需的 java 包。在类中定义一个 JButton 类型数组的成员变量。在构造方法中将窗口的布局设置为 BorderLayout 类型，初始化数组，并用 add()方法将数组元素分别添加到窗口的 EAST、WEST、SOUTH、NORTH 和 CENTER 方位。

（2）在 main 方法中创建一个 MyBorder 的对象。见代码 9-7。

代码 9-7　MyBorder.java

```java
package edu.uibe.java.lab09;

import java.awt.*;
import javax.swing.*;

public class MyBorder extends JFrame{
    JButton[] b;

    public MyBorder(){
        this.setTitle("BorderLayout Example");
        this.setSize(300, 300);

        //设置布局为 BorderLayout 布局
        this.setLayout(new BorderLayout());

        b = new JButton[5];
        for (int i=0;i<b.length;i++) {
            b[i]=new JButton("Button "+i);
        }

        // 将按钮分别添加到窗口的各方位
        this.add(BorderLayout.CENTER,b[0]);
        this.add(BorderLayout.EAST,b[1]);
        this.add(BorderLayout.SOUTH,b[2]);
        this.add(BorderLayout.WEST,b[3]);
        this.add(BorderLayout.NORTH,b[4]);

        this.setVisible(true);
    }

    public static void main(String[] args) {
        // 创建 MyBorder 对象
        MyBorder f = new MyBorder();
    }
}
```

（3）编译运行 MyBorder.java 程序，测试布局的外观和对组件位置的作用，改变窗口的大小和形状，观察按钮布局的变化，掌握 BorderLayout 布局的特点和设置容器为 BorderLayout 布局的语法。

步骤 3　GridLayout 布局

（1）在 JavaLab 项目上创建类 MyGrid，设计为 JFrame 的子类，加载所需的 java 包。在类中定义一个 JButton 类型数组的成员变量。在构造方法中将窗口的布局设置为 3 行 3 列的 GridLayout 类型布局，初始化数组，并用 add()方法将数组所有元素添加到窗口。

（2）在 main 方法中创建一个 MyBorder 的对象。见代码 9-8。

代码 9-8　MyGrid.java

```java
package edu.uibe.java.lab09;

import java.awt.*;
import javax.swing.*;

public class MyGrid extends JFrame {
    JButton[] b;

    public MyGrid(){
        this.setTitle("GridLayout Example");
        this.setSize(300, 300);

        //设置布局为 BorderLayout 布局，3 行 3 列，距离 10
        this.setLayout(new GridLayout(3,3,10,10));

        b = new JButton[9];
        for (int i=0;i<b.length;i++) {
            b[i]=new JButton("Button "+i);

            //直接添加按钮到窗口
            this.add(b[i]);
        }

        this.setVisible(true);
    }

    public static void main(String[] args) {
        // 创建 MyGrid 对象
        MyGrid f = new MyGrid();
    }
}
```

（3）编译运行 MyGrid.java 程序，测试布局的外观和对组件位置的作用，改变窗口的大小和形状，观察按钮布局的变化，掌握 GridLayout 的特点和设置容器为 GridLayout 布局的语法。

实验 4　事件处理

> 实验目的

（1）理解面向对象编程的基本思想。
（2）理解 java 事件处理机制，掌握 JButton 事件处理的语法。
（3）掌握单事件、多事件和不同事件的处理方法，掌握 java 实现事件处理的三种方法。

> 课时要求

1.5 课时

> 实验内容

（1）编写一个 JFrame 子类，实现单个按钮对单击事件的响应。
（2）编写一个 JFrame 子类，实现多个按钮事件的响应。
（3）按照参考代码编写 JFrame 的三个子类，分别使用类实现监听器接口、定义内部类监听器和匿名内部类三种不同的方法实现事件处理。

> 实验要求

（1）定义一个 JFrame 子类 ButtonClicked，在类中定义 JButton 和 JTextField 类型的两个属性，实现在文本框中显示单击按钮的次数。
（2）定义一个 JFrame 子类 ButtonChangeColor，在类中定义 3 个 JButton 类型变量，单击不同按钮实现窗口背景颜色转换。
（3）按照参考代码分别定义类 ActionSimple、类 ActionDifferent、类 ActionInner，编译运行这些程序，掌握实现事件处理三种不同的方法。

> 实验步骤

步骤 1　实现单个事件处理

（1）在 JavaLab 项目上创建类 ButtonClicked，实现单个按钮对单击事件的响应。
（2）将 ButtonClicked 设计为 JFrame 的子类，加载所需的 java 包。设置 ButtonClicked 类实现 ActionListener 的接口。在类中定义 JButton 和 JTextField 类型的两个属性，以及一个 int 类型的属性 count，用于计算单击按钮的次数。
（3）在构造方法中将窗口的布局设置为 GridLayout 类型，初始化各变量，使用 add() 方法将其添加到窗口中。使用按钮的 addActionListener 方法，把本窗口的监听器 ActionListener 添加到按钮上。
（4）覆盖 ActionListener 的抽象方法 actionPerformed()，在其中实现单击按钮的计数，

将单击信息显示在文本编辑框内。见代码9-9。

代码9-9 ButtonClicked.java

```java
package edu.uibe.java.lab09;

import java.awt.*;
import java.awt.event.*;
import javax.swing.*;
import javax.swing.event.*;

public class ButtonClicked extends JFrame implements ActionListener {
    private JButton btn = new JButton("Click me");
    private JTextField txf = new JTextField(20);
    private int count = 0;

    public ButtonClicked() {
        this.setTitle("BorderLayout Example");
        this.setSize(50, 200);
        this.setLayout(new GridLayout(2, 1));

        btn.addActionListener(this);
        txf.setEditable(false);
        this.add(btn);
        this.add(txf);

        this.setVisible(true);
    }

    public void actionPerformed(ActionEvent arg0) {
        count++;
        txf.setText("Button Click Times: " + count);
    }

    public static void main(String[] args) {
        new ButtonClicked();
    }
}
```

（5）编译运行 ButtonClicked.java 程序，单击按钮，观察文本编辑框里的信息，理解事件处理的机制。

（6）注释语句"btn.addActionListener(this);"，重新编译运行程序，单击按钮，观察运行结果的变化，理解 addActionListener()的作用。掌握实现 java 图形界面中事件处理的基本方法和语法，注意不要遗漏 addActionListener()语句。

步骤2 实现多个事件处理

（1）在 JavaLab 项目上创建类 ButtonChangeColor，实现多个按钮事件的响应，单击不同按钮实现窗口背景颜色转换。

（2）将 ButtonChangeColor 设计为 JFrame 的子类，加载所需的 java 包。设置 ButtonChangeColor 类实现 ActionListener 的接口。在类中定义一个 JPanel 类型变量 colorPanel 和 3 个 JButton 类型变量。

（3）在构造方法中初始化各变量，使用 add()方法将按钮添加到 colorPanel 中。使用按钮的 addActionListener 方法，把本窗口的监听器 ActionListener 添加到每个按钮上。

（4）覆盖 ActionListener 的抽象方法 actionPerformed()，在方法内使用捕获的 ActionEvent 对象，获取事件源。判断产生事件的按钮，设置 colorPanel 不同的背景色。

代码 9-10   ButtonChangeColor.java

```java
package edu.uibe.java.lab09;

import java.awt.*;
import java.awt.event.*;
import javax.swing.*;

public class ButtonChangeColor extends JFrame implements ActionListener{
    private JPanel colorPanel;
    private JButton bRed, bBlue, bYellow;

    public ButtonChangeColor() {
        this.setTitle("Button Event: Change Background Color");
        this.setSize(300, 300);

        bRed = new JButton("Red");
        bBlue = new JButton("Blue");
        bYellow = new JButton("Yellow");

        bYellow.addActionListener(this);
        bRed.addActionListener(this);
        bBlue.addActionListener(this);

        colorPanel = new JPanel();
```

```java
        colorPanel.setLayout(new FlowLayout(FlowLayout.LEADING, 20, 20));

        colorPanel.add(bRed);
        colorPanel.add(bBlue);
        colorPanel.add(bYellow);

        this.add(colorPanel);

        this.setVisible(true);
    }

    public void actionPerformed(ActionEvent e) {
        //判断事件源是哪个按钮，改变colorPanel成相应的颜色
        JButton btn=(JButton) e.getSource();
        if (btn==bRed)
            colorPanel.setBackground(Color.red);
        elseif (btn==bBlue)
            colorPanel.setBackground(Color.blue);
        elseif (btn==bYellow)
            colorPanel.setBackground(Color.yellow);
        else
            System.exit(0);
    }

    publicstaticvoid main(String[] args) {
        ButtonChangeColor mybut = new ButtonChangeColor();
    }
}
```

（5）编译运行 ButtonChangeColor.java 程序，单击按钮，观察窗口背景颜色的变化，对照程序代码，理解事件处理中对于多事件源的处理方法，掌握实现 java 图形界面中多事件处理的基本方法和语法。

步骤 3　使用实现事件处理的三种方法

（1）在 JavaLab 项目上创建类 ActionSimple，使用步骤 2 的方法实现按钮事件和文本编辑框事件的响应。见代码 9-11。

代码 9-11 ActionSimple.java

```java
package edu.uibe.java.lab09;

import java.awt.*;
```

```java
import java.awt.event.*;

import javax.swing.*;
import javax.swing.event.*;

public class ActionSimple extends JFrame implements ActionListener {

    private JTextField txf1, txf2;
    private JButton b;

    public ActionSimple() {
        this.setTitle("Field Event: upcase what your writed");
        this.setSize(300, 300);
        this.setLayout(new GridLayout(3, 1));

        txf1 = new JTextField(20);
        txf2 = new JTextField(20);

        txf1.addActionListener(this);
        txf2.setEditable(false);

        b = new JButton("ok");
        b.addActionListener(this);

        this.add(txf1);
        this.add(txf2);
        this.add(b);

        this.setVisible(true);
    }

    public void actionPerformed(ActionEvent e) {
        JButton bt = (JButton) e.getSource();
        if (bt == b)
            txf2.setText(txf1.getText().toUpperCase());

        JTextField tf = (JTextField) e.getSource();
        if (tf == txf1)
            txf2.setText(txf1.getText().toUpperCase());
    }
}
```

(2) 编译运行 ActionSimple.java 程序，在文本框 1 中输入文本后回车，或在文本框 1 中输入文本后单击按钮，观察运行结果和错误信息。

(3) 理解同一个监听器不能监听两种类型不同的事件，理解这种事件处理方法的局限性。

(4) 在 JavaLab 项目上创建类 ActionDifferent，设计成 JFrame 的子类。在类中定义 JTextFiled 类型的 2 个变量 txf1 和 txf2，JButton 类型的 1 个变量。

(5) 定义内部类 BL，实现 ActionListener，作为监听按钮单击事件的监听器类，在 actionPerformed()方法中实现单击按钮后的处理；定义内部类 TL，实现 ActionListener，作为监听文本编辑框确认事件的监听器类，在 actionPerformed()方法中实现文本输入完成回车后的处理。

(6) 在构造方法里，使用 addActionListener()给按钮添加 BL 的对象，给 txf1 添加 TL 的对象。见代码 9-12。

代码 9-12 ActionDifferent.java

```java
package edu.uibe.java.lab09;

import java.awt.*;
import java.awt.event.*;

import javax.swing.*;
import javax.swing.event.*;

public class ActionDifferent extends JFrame {
    private JTextField txf1, txf2;
    private JButton b;

    class BL implements ActionListener {
        public void actionPerformed(ActionEvent e) {
            txf2.setText(txf1.getText().toUpperCase());
        }
    }

    class TL implements ActionListener {
        public void actionPerformed(ActionEvent e) {
            txf2.setText(txf1.getText().toUpperCase());
        }
    }
```

```java
    public ActionDifferent() {
        this.setTitle("Field Event: upcase what your writed");
        this.setSize(300, 300);
        this.setLayout(new GridLayout(3, 1));

        txf1 = new JTextField(20);
        txf2 = new JTextField(20);

        txf1.addActionListener(new TL());
        txf2.setEditable(false);

        b = new JButton("ok");
        b.addActionListener(new BL());

        this.add(txf1);
        this.add(txf2);
        this.add(b);

        this.setVisible(true);
    }

    publicstaticvoid main(String[] args) {
        new ActionDifferent();
    }
}
```

（7）编译运行 ActionDifferent.java 程序，在文本框 1 中输入文本后回车，然后在文本框 1 中输入文本后单击按钮，观察运行结果。

（8）理解为什么定义内部类，理解这对不同类型的事件源需要添加不同类型的监听器。掌握使用内部类定义监听器的定义语法和使用方法。

（9）在 JavaLab 项目上创建类 ActionInner，设计成 JFrame 的子类。在类中定义 JTextFiled 类型的 2 个变量 txf1 和 txf2，JButton 类型的 1 个变量。

（10）改变 ActionDifferent.java 中内部类定义的位置，在使用 addActionListioner()给组件添加监听器对象时，使用匿名内部类定义不同类型的监听器。

代码 9-13　ActionInner.java

```java
package edu.uibe.java.lab09;

import java.awt.*;
import java.awt.event.*;
```

```java
import javax.swing.*;
import javax.swing.event.*;

public class ActionInner extends JFrame {
    private JTextField txf1, txf2;
    private JButton b;

    public ActionInner() {
        this.setTitle("Field Event: upcase what your writed");
        this.setSize(300, 300);
        this.setLayout(new GridLayout(3, 1));

        txf1 = new JTextField(20);
        txf2 = new JTextField(20);

        txf1.addActionListener(new ActionListener() {
            public void actionPerformed(ActionEvent e) {
                txf2.setText(txf1.getText().toUpperCase());
            }
        });

        txf2.setEditable(false);

        b = new JButton("ok");
        b.addActionListener(new ActionListener() {
            public void actionPerformed(ActionEvent e) {
                txf2.setText(txf1.getText().toUpperCase());
            }
        });

        this.add(txf1);
        this.add(txf2);
        this.add(b);

        this.setVisible(true);
    }

    public static void main(String[] args) {
        new ActionDifferent();
    }
}
```

（11）编译运行 ActionInner.java 程序，在文本框 1 中输入文本后回车，然后在文本框 1 中输入文本后单击按钮，观察运行结果。

（12）掌握使用匿名内部类的方法添加监听器的方法和语法。

实验 5 Swing 容器和组件

> 实验目的

（1）理解面向对象编程的基本思想。
（2）学习 Swing 顶级容器、中间容器和组件的使用和事件处理方法。
（3）掌握 JFrame、JDialogJPanel、JTabbedPane 的声明、初始化和使用的语法。
（4）掌握 JButton、JTextField、JComboBox、JCheckBox 的声明、初始化和使用的语法。
（5）掌握 Swing 的菜单和子菜单的定义和使用方法。

> 课时要求

1.5 课时

> 实验内容

（1）编写 JFrame 和 JDialog 的子类，并编写测试类调用这两个类。
（2）编写一个 JFrame 的子类，使用 TabbedPane 和 JPanel。
（3）编写 JFrame 的两个子类，分别使用 JComboBox、JCheckBox 组件。
（4）编写 JFrame 的子类，实现简单的菜单和子菜单。

> 实验要求

（1）定义 JFrame 的子类 DemoFrame，使用 JLabel 在 frame 里显示一张图片；定义 JDialog 的子类 DemoDialog，包含一条信息 "Here is my dialog" 和一个关闭对话框的按钮；定义 JFrame 的子类 DemoContainer，包含两个按钮，单击后分别显示 DemoFrame 窗口或 DemoDialog 对话框。

（2）定义 JFrame 的子类 DemoTabbedPane，共有三个分页，放置 Image、JTextArea 和 JPanel 等不同的组件或容器，在 JPanel 中放置多个按钮。并在 main 方法中创建 DemoTabbedPane 对象。

（3）定义 JFrame 的子类 DemoComboBox，选项为系统提供的各颜色名称，选中选项后背景设置为选项的色彩。并在 main 方法中创建 DemoComboBox 对象测试效果。

（4）定义 JFrame 的子类 DemoCheckBox，在类中定义三个 JCheckBox 变量 cb1、cb2 和 cb3，以及一个 JTextField，在文本框中输出选项选中或清除的信息。

（5）定义 JFrame 的子类 DemoMenu，实现两个简单的菜单 File 和 Help，菜单 File 中包括菜单选项 New、Open、Save 和 Exit，Help 中包括 About 菜单选项和子菜单 Style（包含 CheckBox 菜单选项 "Rain" "Night"）。类可根据选中的菜单选项输出信息到窗口。

➢ 实验步骤
步骤1 使用顶级容器

（1）在 JavaLab 项目上创建类 DemoFrame，使用顶级容器定义 JFrame 一个简单的窗口，使用 JLabel 在 frame 里显示一张图片。见代码 9-14。

代码 9-14 DemoFrame.java

```java
//定义一个简单的 JFrame，显示一张图片
package edu.uibe.java.lab09;

import javax.swing.*;
import javax.swing.event.*;
import java.awt.*;
import java.awt.event.*;

public class DemoFrame extends JFrame{
    Icon iconPicture= new ImageIcon(getClass().getResource("fish.gif"));

    public DemoFrame(){
        this.setTitle("MyFrame");
        this.setSize(400,300);
        this.setLayout(new BorderLayout());
        this.add(new JLabel(iconPicture), BorderLayout.CENTER);
    }
}
```

（2）编译运行 DemoFrame.java 程序。

（3）在 JavaLab 项目上创建类 DemoDialog，使用顶级容器定义 JDialog 一个简单的对话框，使用 JLabel 在 Dialog 里显示一条信息"Here is my dialog"，定义一个按钮"ok"，单击后关闭对话框。见代码 9-15。

代码 9-15 DemoDialog.java

```java
//定义一个简单的 Dialog，有一个按钮 OK 和一个 Label
import javax.swing.*;
import javax.swing.event.*;
import java.awt.*;
import java.awt.event.*;

public class DemoDialog extends JDialog{
    JButton ok = new JButton("OK");
```

```java
    public DemoDialog(JFrame parent){
        super(parent, "My dialog", true);
        setLayout(new FlowLayout());

        add(new JLabel("Here is my dialog"));
        JButton ok = new JButton("OK");
        ok.addActionListener(new ActionListener() {
            public void actionPerformed(ActionEvent e) {
                dispose(); //关闭 Dialog
            }
        });
        add(ok);
        setSize(150, 125);
    }
}
```

（4）编译运行 DemoDialog.java 程序。

（5）在 JavaLab 项目上创建类 DemoContainer，设计为 JFrame 的子类，在类中定义两个 JButton 类型的变量 frameB 和 dialogB，单击 frameB 显示一个 DemoFrame 窗口，单击 dialogB 显示一个 DemoDialog 对话框。并在 main 方法中创建 DemoContainer 的对象，见代码 9-16。

代码 9-16　DemoContainer.java

```java
import javax.swing.*;
import javax.swing.event.*;
import java.awt.*;
import java.awt.event.*;

public class DemoContainer extends JFrame{
    JButton frameB = new JButton("MyFrame"), dialogB = new JButton("MyDialog");
    DemoDialog dlg = new DemoDialog(this);
    DemoFrame fr = new DemoFrame();

    public DemoContainer(){
        this.setTitle("Top Containers");
        this.setSize(300,80);

        this.setLayout(new GridLayout(1,2,4,4));
        frameB.addActionListener(new ActionListener() {
            public void actionPerformed(ActionEvent e) {
```

```java
                fr.setVisible(true);//显示一个DemoFrame
            }
        });
        this.add(frameB);

        dialogB.addActionListener(new ActionListener() {
            public void actionPerformed(ActionEvent e) {
                dlg.setVisible(true);////显示一个DemoDialog
            }
        });
        this.add(dialogB);

        this.setVisible(true);
        this.setResizable(false);
    }

    publicstaticvoid main(String[] args) {
        new DemoContainer();
    }
}
```

(6) 编译运行 DemoContainer.java 程序，分别单击两个按钮，观察结果。

(7) 掌握顶级容器 JFrame 和 JDialog 的基本定义语法和使用方法。

步骤2　使用中间容器

(1) 在 JavaLab 项目上创建类 DemoTabbedPane，设计为 JFrame 的子类，在类中定义两个中间容器 JTabbedPane 和 JPanel 的变量 tabs 和 btnP，btnP 用于放置 JButton 的数组，tabs 用于放置 Image、JTextArea 和 btnP 等不同的组件或容器。并在 main 方法中创建 DemoTabbedPane 对象，见代码 9-17。

代码 9-17　DemoTabbedPane.java

```java
package edu.uibe.java.lab09;

import javax.swing.*;
import java.awt.*;

publicclass DemoTabbedPane extends JFrame{
    //声明 JTabbedPane 属性 tabs，并初始化
    private JTabbedPane tabs = new JTabbedPane();

    //声明 JPanel 属性 btnP 用于放置 btn 数组，并初始化
```

```java
    private JPanel btnP = new JPanel();

    //声明各 tab 上的组件,并初始化
    private Icon iconPicture= new ImageIcon(getClass().getResource("fish.gif"));
    private JTextArea ta = new JTextArea(3,5);
    private JButton btn[] = new JButton[6];

    public DemoTabbedPane(){
        this.setTitle("TabbedPane");
        this.setSize(350, 280);

        //初始化 btn 数组,并放置在名为 JPanel 上
        btnP.setLayout(new GridLayout(3,2,5,5));
        btnP.setBorder(BorderFactory.createEmptyBorder(5, 5, 5, 5));
        for(int i=0;i<btn.length;i++){
            btn[i] = new JButton(""+i);
            btnP.add(btn[i]);
        }

        //在 JTabbedPane 不同的 tab 上分别放置相应的组件
        tabs.add("Image",new JLabel(iconPicture));
        tabs.add("Text",ta);
        tabs.add("Button",btnP);

        this.add(tabs);
        this.setVisible(true);
    }

    publicstaticvoid main(String[] args) {
        new DemoTabbedPane();
    }
}
```

(2)编译运行 DemoTabbedPane.java 程序,分别单击各 tab,观察结果。

(3)理解中间容器的作用,掌握 JTabbedPane 和 JPanel 定义的语法和使用方法。

步骤3 使用组件

(1)在 JavaLab 项目上创建类 DemoComboBox,设计为 JFrame 的子类,在类中定义一个中间容器 JPanel 属性,定义一个 JComboBox 属性 c,定义一个 String 类型的数组 colorSelected 并初始化为系统提供个颜色的值。

（2）在构造方法中初始化成员变量，把数组中的元素添加为 c 的 Item 选项，定义 ActionListener 根据选中的 Item 设置背景色彩。并在 main 方法中创建 DemoComboBox 对象，见代码 9-18。

代码 9-18 DemoComboBox.java

```java
package edu.uibe.java.lab09;

import javax.swing.*;
import javax.swing.event.*;
import java.awt.*;
import java.awt.event.*;
import java.lang.reflect.Field;

public class DemoComboBox extends JFrame {
    private String[] colorSelected = { "black", "blue", "cyan", "darkGray",
            "gray", "green", "lightGray", "magenta", "orange", "pink", "red",
            "white", "yellow" };
    //声明 JComboBox 变量 c，并初始化
    private JComboBox c = new JComboBox();
    private JPanel colorPane = new JPanel();

    public DemoComboBox() {
        this.setTitle("ComboBoxes");
        this.setSize(400, 300);
        this.setResizable(false);

        //给 JComboBox 对象添加选项
        for (int i = 0; i < colorSelected.length; i++)
            c.addItem(colorSelected[i]);

        //给 JComboBox 对象添加监听器，根据选中的颜色设定背景颜色
        c.addActionListener(new ActionListener() {
            public void actionPerformed(ActionEvent e) {
                String str = (String) ((JComboBox) e.getSource())
                        .getSelectedItem();

                try {
                    //获取与选中选项相同的 Color 类对象
                    Field field = Class.forName("java.awt.Color").getField(str);
```

```
                Color color = (Color) field.get(null);

                //设置背景颜色
                colorPane.setBackground(color);
            } catch (Exception e1) {
                e1.printStackTrace();
            }
        }
    });

    colorPane.setLayout(new FlowLayout());

    colorPane.add(c);
    this.add(colorPane);

    this.setVisible(true);

}

publicstaticvoid main(String[] args) {
    new DemoComboBox();
}
}
```

（3）编译运行 DemoComboBox.java 程序，分别选中下拉菜单中的不同 Item，观察结果。

（4）在 JavaLab 项目上创建类 DemoCheckBox，设计为 JFrame 的子类，在类中定义并初始化一个 JTextField，定义并初始化三个 JCheckBox 变量 cb1、cb2 和 cb3。

（5）定义方法 trace，实现根据参数指向的 JCheckBox 对象是否被选择，输出相应信息到 JTextAear 对象。

（6）在构造方法中添加各组件到当前窗口中，并使用匿名内部类定义、添加每个 JCheckBox 的 ActionListener，在事件处理中使用 trace 方法。

（7）在 main 方法中创建 DemoCheckBox 对象。见代码 9-19。

代码 9-19　DemoCheckBox.java

```
package edu.uibe.java.lab09;

import javax.swing.*;
importjavax.swing.event.*;
import java.awt.*;
```

```java
import java.awt.event.*;

class DemoCheckBox extends JFrame {
    private JTextArea t = new JTextArea(6, 15);
    //声明 JCheckBox 的 3 个变量，并初始化
    private JCheckBox cb1 = new JCheckBox("Check Box 1"), cb2 = new JCheckBox(
        "Check Box 2"), cb3 = new JCheckBox("Check Box 3");

    public DemoCheckBox() {
        this.setTitle("CheckBoxes");
        this.setSize(200, 300);

        //给 JJCheckBox 对象添加监听器，调用自定义处理方法 trace()
        cb1.addActionListener(new ActionListener() {
            public void actionPerformed(ActionEvent e) {
                trace("1", cb1);
            }
        });
        cb2.addActionListener(new ActionListener() {
            public void actionPerformed(ActionEvent e) {
                trace("2", cb2);
            }
        });
        cb3.addActionListener(new ActionListener() {
            public void actionPerformed(ActionEvent e) {
                trace("3", cb3);
            }
        });

        setLayout(new FlowLayout());
        add(new JScrollPane(t));
        add(cb1);
        add(cb2);
        add(cb3);

        this.setVisible(true);
        this.setResizable(false);
    }

    //判断参数指向的 JCheckBox 对象是否被选择，输出相应信息到 JTextAear 对象
```

```java
    privatevoid trace(String b, JCheckBox cb) {
        if (cb.isSelected())
            t.append("Box " + b + " Set\n");
        else
            t.append("Box " + b + " Cleared\n");
    }

    publicstaticvoid main(String[] args) {
        new DemoCheckBox();
    }
}
```

（8）编译运行 DemoCheckBox.java 程序，分别对不同 JCheckBox 进行选中和不选中的操作，观察 JTextArea 中的输出信息，体会对 JCheckBox 的事件处理方法。

（9）掌握 java 基本组件的定义和初始化语法，以及它们的事件处理方法。

步骤 4　设置菜单

（1）在 JavaLab 项目上创建类 DemoMenu，设计为 JFrame 的子类，在类中定义并初始化 1 个 JMenuBar 变量作为菜单的容器，2 个 JMenu 变量，2 个 JMenuItem 数组变量分别存放菜单中的选项。

（2）在类中定义并初始化子菜单的 J CheckBoxMenuItem 类型菜单选项，1 个信息输出的文本框。

（3）定义两个内部类为 ActionListener 子类 FL 和 SL，实现菜单选项和子菜单选项监听的事件处理。FL 输出选中的菜单项信息，SL 输出子菜单项信息。

（4）在构造方法中实现菜单的构造和监听器的添加，并在 main 中创建一个 DemoMenu 对象作为测试。见代码 9-20。

代码 9-20 DemoMenu.java

```java
package edu.uibe.java.lab09;

import javax.swing.*;
import javax.swing.event.*;
import java.awt.*;
import java.awt.event.*;

publicclass DemoMenuextends JFrame {
    // 定义 1 个 JMenuBar 变量，作为菜单的容器
    private JMenuBar mb = new JMenuBar();
    // 定义 2 个 JMenu 变量
    private JMenu f = new JMenu("File"), h = new JMenu("Help");
```

```java
// 定义2个JMenuItem数组变量，分别存放菜单中的选项
private JMenuItem[] file;
private JMenuItem[] help;

// 定义子菜单的菜单选项
private JCheckBoxMenuItem[] style = { new JCheckBoxMenuItem("Night"),
        new JCheckBoxMenuItem("Rain") };

// 定义信息输出的文本框
private JTextField t = new JTextField(50);

// 定义菜单选项的监听器
class FL implements ActionListener {
    public void actionPerformed(ActionEvent e) {
        JMenuItem target = (JMenuItem) e.getSource();
        t.setText(target.getText() + " is selected !");
    }
}

// 定义子菜单选项的监听器
class SL implements ItemListener {
    public void itemStateChanged(ItemEvent e) {
        JCheckBoxMenuItem target = (JCheckBoxMenuItem) e.getSource();
        String actionCommand = target.getActionCommand();
        if (actionCommand.equals("Night"))
            t.setText("Is it in night now ?  " + target.getState());
        elseif (actionCommand.equals("Rain"))
            t.setText("Is it raining?  " + target.getState());
    }
}

public DemoMenu() {
    this.setTitle("Menu Example !");
    this.setSize(300,200);

    // 初始化file数组
    file = new JMenuItem[4];
    file[0] = new JMenuItem("New");
    file[1] = new JMenuItem("Open");
```

```java
file[2] = new JMenuItem("Save");
file[3] = new JMenuItem("Exit");

// 创建 FL 的对象 fm
FL fm = new FL();

// 把菜单项 file 加到菜单 f 中去
for (int i = 0; i <file.length; i++) {
    f.add(file[i]); // 给 f 添加 file[i]
    file[i].addActionListener(fm); // 给 file[i] 添加监听器 fm
    if (i == 2) // 如果是 Save 菜单项,在后面添加分割线
        f.addSeparator();
}

// ----------------------------------
// 初始化 help 数组
help = new JMenuItem[2];
help[0] = new JMenuItem("About");
help[1] = new JMenu("Style"); // 初始化 help 的菜单项为子菜单

// 把菜单项 help[0] 加到菜单 h 中去,并添加监听器
h.add(help[0]);
help[0].addActionListener(new ActionListener() {
    public void actionPerformed(ActionEvent e) {
        t.setText("This is a simple example of Menu !");
    }
});

// 创建 FL 的对象 fm
SL sm = new SL();

// 菜单项加到子菜单 help[1] 中,并添加监听器
h.add(help[1]);
for (JCheckBoxMenuItem st : style) {
    help[1].add(st);
    st.addItemListener(sm);
}

// 菜单加到菜单条上
```

```
            mb.add(f);
            mb.add(h);

            this.setJMenuBar(mb);
            this.add(t);
            this.setVisible(true);
        }

        publicstaticvoid main(String[] args) {
            new DemoMenu();
        }
    }
```
（5）编译运行 DemoMenu.java 程序，使用菜单和子菜单，观察 JTextField 中的输出信息，对照程序代码，理解菜单的构造过程。

（6）掌握 java 菜单的定义和初始化语法，以及它们的事件处理方法。

实验 6 综合实验

➢ **实验目的**

（1）理解面向对象编程的基本思想，练习 java 的图形化编程。

（2）掌握用户界面的 BorderLayout、GridLayout 和 FlowLayout 布局设计，以及布局管理器的使用。

（3）掌握 JFrame、JTextField、JButton 等类的使用，掌握 Button 的事件响应处理方法。

➢ **课时要求**

1.5 课时

➢ **实验内容**

编写一个简单的计算器。

图 9-1 计算器布局

➢ **实验要求**

（1）定义 JFrame 的子类 SimpleCaculator，完成计算器的界面布局定义，见"图 9-1 计算器布局"。定义三个 JPanel，分别放置文本框的 panT、放置 CE 的 panCE 和放置其他按钮的 panB，JFrame 本身的布局设置成 BorderLayout，panB 设置成 GridLayout，panT 设置成 FlowLayout，panCE 采用默认布局。

（2）定义三个内部类监听器 NumL、OperL 和 CEL，分别对单击数字、操作符和 CE 进行处理，实现简单的计算器功能，用户可以完成加减乘除计算，单击"CE"按钮清除所有内容，然后可以重新计算。

（3）可选择实现连续计算、小数运算、支持求平方根计算、求倒数等功能。

> 实验参考步骤

（1）在 JavaLab 项目上创建类 SimpleCacultor，设计为 JFrame 的子类，加载所需的 java 包。

（2）在类中定义 panT、panCE、panCE 三个 JPanel，定义一个 JTextField 显示输入数据和计算结果，定义两个 JButton 数组 btNum 和 btOPer，两个 JButton 变量 btCE 和 btDot，定义 double 类型的结果值变量 result，定义 char 类型上次操作符变量 oper，定义 boolean 类型的识别变量 numberClick。

（3）定义内部类 NumL、OperL、CEL 为 ActionListener 的子类。NumL 只对文本框中的数字进行处理显示；OperL 根据上一次的操作符计算出结果给 result 赋值，并显示在文本框内；CEL 对结果 result 和文本框内容清零。

（4）在类构造方法中添加各组件和监听器，并显示图形界面。

（5）在 main 方法中创建一个 SimpleCaculator 的对象，进行测试。

9.3 小　　结

本章共提供了 6 个实验，通过这些实验的练习，学生能够掌握定义 Applet 和 Application 类型的 GUI 图形界面的基本方法和语法，理解 Applet 的生命周期，理解布局管理的概念，掌握设置 BorderLayout、FlowerLayout 和 GridLayout 布局管理的语法，理解事件和事件处理机制，掌握实现单个事件处理、多个事件处理的方法，掌握实用事件处理的三种方法：实现监听器接口、定义内部类和定义匿名内部类，掌握 Swing 的顶级容器、中间容器和组件的使用方法和语法。

第 10 章

网 络 应 用

通过本章的实验，理解套接字通信和 JDBC 的概念，掌握使用套接字通信进行网络通信、使用 JDBC 进行数据库访问的方法和语法。

10.1 知识要点

10.1.1 套接字通信

使用 Socket 进行 Client/Server 程序设计的一般连接过程是这样的：Server 端监听某个端口是否有连接请求，Client 端向 Server 端发出连接请求，Server 端向 Client 端发回接受消息。连接建立后，Server 端和 Client 端都可以通过 Send、Write 等方法与对方通信。Socket 工作过程包含以下四个基本的步骤：

（1）创建 Socket；
（2）打开连接到 Socket 的输入/出流；
（3）按照一定的协议对 Socket 进行读/写操作；
（4）关闭 Socket。

Java 在包 java.net 中提供了两个类 Socket 和 ServerSocket，分别用来表示双向连接的客户端和服务端的套接字。Socket 和 ServerSocket 提供参数不同的构造方法，其中 address、host 和 port 分别是双向连接中另一方的 IP 地址、主机名和端口号。

在创建 socket 时如果发生错误，将产生 IOException，在程序中必须对之作出处理。所以在创建 Socket 或 ServerSocket 是必须捕获或抛出例外。

Socket 和 ServerSocket 通过读入和写出到数据流实现 Client/Server 的通信。

10.1.2 数据库访问

JDBC 是 Java DataBase Connectivity 的缩写,由一些 Java 语言编写的类和接口组成。在 java.sql 包里提供了 JDBC API,定义了访问数据库的接口和类。

利用 JDBC 技术,java 程序可以通过下面三类操作实现对数据库的访问和操作。

➢ 与数据库建立连接

建立连接涉及到两个步骤:加载驱动程序和建立连接。

调用方法 Class.forName()可以显式地加载驱动程序。

```
Class.forName("com.mysql.jdbc.Driver");
```

使用 DriverManager 或 DataSource 方法,将适当的驱动程序连接到数据库管理系统。

```
Connection con=DriverManager.getConnection(url,"myLogin","myPassword");
```

➢ 向数据库系统发送 SQL 语句

在已经建立好一个连接并且 Connection 对象存在的情况下,java 可以使用 Statement 语句来执行普通的 SQL 语句调用。

Java 的 Statement 接口有 Statements 接口、PreparedStatement 接口和 CallableStatement 接口三种类型。

Statement 接口提供了三种执行 SQL 语句的方法:executeQuery、executeUpdate 和 execute。使用哪一个方法由 SQL 语句所产生的内容决定。

executeQuery 方法用于产生单个结果集的语句,例如 SELECT 语句。

executeUpdate 方法用于执行 INSERT、UPDATE 或 DELETE 语句以及 SQL DDL (数据定义语言)语句。

方法 execute 用于执行返回多个结果集、多个更新计数或二者组合的语句。

使用 Statement 接口有 4 个步骤,包括创建 Statement 对象、使用 Statement 对象执行语句、语句完成和关闭 Statement 对象。

(1) 创建 Statement 对象。

建立了到特定数据库的连接之后,就可用 Connection 的方法 createStatement 创建 Statement 对象。

```
stmt = con.createStatement();
```

(2) 使用 Statement 对象执行语句。

调用 Statement 接口的 executeQuery、executeUpdate 或 execute 方法执行 SQL 语句。这里使用 executeUpdate 方法,返回值为整数。

```
int ret = stmt.executeUpdate(sqlStatement);
```

(3)语句完成。

如果连接处于自动提交模式,所执行的语句在完成时将自动提交或还原。语句在已执行且所有结果返回时即已完成。对于返回一个结果集的 executeQuery 方法,在检索完 ResultSet 对象的所有行时该语句完成。对于方法 executeUpdate,当它执行时语句即完成。但在少数调用方法 execute 的情况中,在检索所有结果集或它生成的更新计数之后语句才完成。

(4)关闭 Statement 对象。

Statement 对象将由 Java 垃圾收集程序自动关闭,但在不需要 Statement 对象时显式地关闭它们,将立即释放 DBMS 资源,有助于避免潜在的内存问题。

> 将获得数据库系统返回的值或结果集

结果集(ResultSet)是数据库中查询时返回的结果对象,但是结果集并不仅仅具有存储的功能,他同时还具有操纵数据的功能,可能完成对数据的更新等。

结果集可以分为四类,这四类的结果集所具备的特点完全取决于 Statement 语句的创建。

查询结果作为结果集(ResultSet)对象返回后,可以使用 next 方法从 ResultSet 对象中提取结果。使用相应类型的 getXXX 方法可以从当前行指定列中提取不同类型的数据。例如,提取 VARCHAR 类型数据时就要用 getString 方法,而提取 FLOAT 类型数据的方法是 getFloat。例如:

```
String s = rs.getString("Name");
```

10.2 实 验

下面的实验均基于 eclipse 平台。假设 eclipse 的 workspace 为 D:\workspace,已建 java 项目名称为 JavaLab。除特别说明之外,本章的实验所定义的类都放在包 edu.uibe.java.lab10 内,在创建新类时,在 java Class 对话框的 package 编辑框中填写 edu.uibe.java.lab10。

实验 1 编写客户端和服务器

> 实验目的

(1)了解 java.net 中提供的两个类 Socket 和 ServerSocket,分别用来表示双向连接的客户端和服务端。

(2)使用 Socket 和 ServerSocket 实现简单的 Client/Server 程序设计。

> **实验内容**

(1) 编写 java 程序,构建和运行简单的服务器端代码。
(2) 编写 java 程序,构建和运行简单的客户端代码。

> **课时要求**

1 课时

> **实验要求**

(1) 编写类 SimpleServer,在 main 中使用 ServerSocket 创建 Server 端的 socket,使用 Socket 定义 Server 端接收的 Client 请求,实现 Server 对 Client 端数据的读取和应答。

(2) 编写类 SimpleClient,在 main 中使用 Socket 创建 Client 端的 socket,使用输入输出流实现 Client 端对 socket 数据的读入和输出。

> **实验步骤**

步骤 1 实现简单的服务器端

(1) 打开 eclipse 平台,在 JavaLab 项目上创建新类 SimpleServer,在 main 方法中参照代码 10-1 输入代码。

代码 10-1　SimpleServer.java

```java
package edu.uibe.java.lab10;

import java.net.*;
import java.io.*;

public class SimpleServer {
    public static void main(String[] args) {
        // 声明 ServerSocket 和 Socket 变量
        ServerSocket server = null;
        Socket client;

        // 设置默认的端口号
        int portnumber = 1234;
        if (args.length >= 1) {
            portnumber = Integer.parseInt(args[0]);
        }

        // 创建 Server 端的 socket
        try {
            server = new ServerSocket(portnumber);
        } catch (IOException ie) {
```

```java
            System.out.println("Cannot open socket." + ie);
            System.exit(1);
        }
        System.out.println("ServerSocket is created " + server);

        // 等待来自客户端的请求和应答
        while (true) {
            try {
                // 监听 Client 的请求, 在连接建立前一直等待, 方法处于阻塞状态
                System.out.println("Waiting for connect request...");
                client = server.accept();

                System.out.println("Connect request is accepted...");
                String clientHost = client.getInetAddress().getHostAddress();
                int clientPort = client.getPort();
                System.out.println("Client host = " + clientHost
                        + " Client port = " + clientPort);

                // 读取来自 client 的数据
                InputStream clientIn = client.getInputStream();
                BufferedReader br = new BufferedReader(new InputStreamReader(
                        clientIn));
                String msgFromClient = br.readLine();
                System.out.println("Message received from client = "
                        + msgFromClient);

                // 向 Client 端发送应答
                if (msgFromClient != null
                        && !msgFromClient.equalsIgnoreCase("bye")) {
                    OutputStream clientOut = client.getOutputStream();
                    PrintWriter pw = new PrintWriter(clientOut, true);
                    String ansMsg = "Hello, " + msgFromClient;
                    pw.println(ansMsg);
                }

                // 关闭 sockets
                if (msgFromClient != null
                        && msgFromClient.equalsIgnoreCase("bye")) {
                    server.close();
```

```
                    client.close();
                    break;
                }
            } catch (IOException ie) {
            }
        }
    }
}
```

（2）编译运行 SimpleServer.java 程序代码，观察服务器从在 console 窗口的客户端的连接请求。

```
ServerSocket is created ServerSocket[addr=0.0.0.0/0.0.0.0,port=0,localport=1234]
Waiting for connect request...
```

步骤 2　实现简单的客户端

（1）在 JavaLab 项目上创建新类 SimpleServer，在 main 方法中参照代码 10-2 输入代码。

代码 10-2　SimpleClient.java

```java
package edu.uibe.java.lab10;

import java.io.*;
import java.net.*;

public class SimpleClient {
    public static void main(String args[]) {
        // 声明 Socket 变量
        Socket client = null;

        // 设置默认的端口号
        int portnumber = 1234;
        if (args.length >= 1) {
            portnumber = Integer.parseInt(args[0]);
        }

        for (int i = 0; i < 10; i++) {
            try {
                String msg = "";

                // 创建 client 端 socket
                client = new Socket(InetAddress.getLocalHost(), portnumber);
```

```java
            System.out.println("Client socket is created " + client);

            // 创建client端socket的输出流
            OutputStream clientOut = client.getOutputStream();
            PrintWriter pw = new PrintWriter(clientOut, true);

            // 创建client端socket的输入流
            InputStream clientIn = client.getInputStream();
            BufferedReader br = new BufferedReader(new InputStreamReader(
                    clientIn));

            // 创建标准输出的bufferedReader
            BufferedReader stdIn = new BufferedReader(
                    new InputStreamReader(System.in));

            System.out.println("Enter your name. Type Bye to exit. ");

            // 从标准输入读取数据，并写入client端socket的输出流
            msg = stdIn.readLine().trim();
            pw.println(msg);

            // 从client端socket读取输入流
            System.out.println("Message returned from the server = "
                    + br.readLine());

            pw.close();
            br.close();
            client.close();

            // 停止操作
            if (msg.equalsIgnoreCase("Bye")) {
                break;
            }
        } catch (IOException ie) {
            System.out.println("I/O error " + ie);
        }
    }
}
```

（2）编译运行 SimpleClient.java 程序代码，根据提示，输入你的名字，观察运行结果。

```
Client socket is created Socket[addr=Passion2/192.168.2.4,port=1234,localport=1775]
Enter your name. Type Bye to exit.
```

（3）如果你看到下面的异常，它极有可能，要么你没有启动服务器，或者如果你启动服务器，防火墙系统阻止传入的连接请求。

```
I/O error java.net.ConnectException: Connection refused: connect
I/O error java.net.ConnectException: Connection refused: connect
I/O error java.net.ConnectException: Connection refused: connect
I/O error java.net.ConnectException: Connection refused: connect
```

（4）确认服务器首先运行。另外，还要确保 SimpleSever 运行的系统上的防火墙是关闭。

（5）运行 SimpleClient.java 程序代码，根据提示输入姓名"Harry Potter"后，键入 bye 退出，然后按回车键。

（6）观察 SimpleServer 服务器发回的响应。在 SimpleClient 客户端输入几个名称，并 SimpleServer 服务器发送回响应。

（7）观察 SimpleServer 服务器端的信息。

```
ServerSocket is created ServerSocket[addr=0.0.0.0/0.0.0.0,port=0,localport=1234]
Waiting for connect request...
Connect request is accepted...
Client host = 192.168.2.4 Client port = 1775
Message received from client = Harry Potter
Waiting for connect request...
Connect request is accepted...
Client host = 192.168.2.4 Client port = 1777
```

（8）理解 Socket 实现网络通信的基本原理，了解 client/server 通信实现的方法和语法，掌握基本的 Socket 通信编程。

实验 2 配置 Eclipse 数据库访问环境

> **实验目的**

（1）学习安装、配置和使用 MySQL 数据库和其图形客户端 MySQL-Front。
（2）掌握通过 JDBC 访问数据库的步骤和语法。

> **实验内容**

（1）安装、配置和使用 MySQL 数据库。
（2）安装、配置和使用图形客户端 MySQL-Front。在 MySQL 中创建程序需使用的数据库和表。

（3）加载 JDBC 驱动程序，配置 Eclipse 开发平台。

➢ 课时要求

1 课时

➢ 实验要求

（1）安装、配置和使用 MySQL 数据库。

（2）安装、配置和使用图形客户端 MySQL-Front。在 MySQL 中 test 数据库中创建表 score(name, score)。

（3）加载 JDBC 驱动程序，配置 Eclipse 开发平台。

➢ 实验步骤

步骤 1　安装配置启动 MySQL 服务器

（1）从 MySQL 的官方网站 http://www.mysql.com/downloads/mysql/ 下载合适的 windows 版本安装包，或从其他的镜像网站下载。

（2）双击安装文件，打开欢迎界面。选择下一步，然后会弹出选择安装类型对话框，如图 10-1 所示。

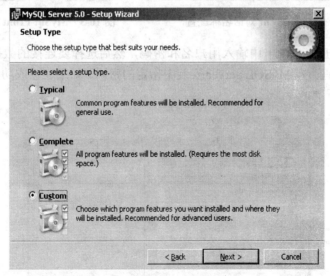

图 10-1　MySQL Server 安装向导

（3）根据向导提示，每一步都选择默认选项，根据提示输入信息完成安装。

（4）安装完成后，启动 MySQL Server。假设 MySQL Server 安装在 d：\mysql 目录下，DOS 方式下运行 d:\mysql\bin\mysqld，启动 MySQL 服务器。

步骤 2　安装配置 MySql-Front 图形客户端

（1）选择"开始→程序→MySql-Front→MySql-Front"，打开如图 10-2 所示窗口。

（2）在"一般"选项页中的"名称"中输入对话名称"First"，在"连接"中输入要连接到的服务器名称（要连接的服务器的 IP），如图 10-3 所示。

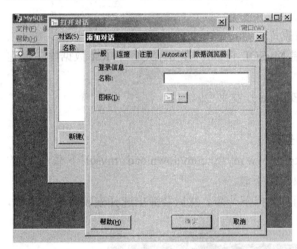

图 10-2　MySql-Front 对话名称配置　　　图 10-3　MySql-Front 对话服务器配置

（3）在"注册"选项卡中输入用户名和密码，然后选择要连接的数据库。默认的用户名为 root，密码为在 MySQL Server 安装中指定的密码。如果连接成功，就可选择数据库，如图 10-4 所示。

图 10-4　MySql-Front 对话数据库配置

（4）选择完数据后，单击"添加对话"对话框下方的"确定"按钮，添加的对话就会在"打开对话"对话框中显示，如图 10-5 所示：

（5）选中要打开的对话，然后单击确定按钮，打开 MySql-Front 的数据库管理界面，如图 10-6 所示的窗口。

图 10-5　MySql-Front 对话

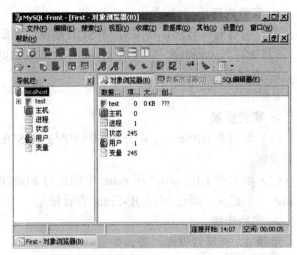
图 10-6　MySql-Front 的数据库管理界面

（6）在左边的导航栏里，右键单击数据库 test，选择新建→表，创建新表 score(name, score)。

（7）在导航栏选择 test 数据库中的 score 表，单击"SQL 编辑器"，输入"代码 10-3"的语句并执行，然后单击"数据浏览器"查看插入结果。

代码 10-3　preparedata.sql

```
insert into score(id,name,score) values(1,'赵一',80)
insert into score(id,name,score) values(2,'钱二',83)
insert into score(id,name,score) values(3,'孙三',70)
insert into score(id,name,score) values(4,'李四',91)
insert into score(id,name,score) values(5,'周五',89)
insert into score(id,name,score) values(5,'郑六',95)
```

步骤 3　配置 Eclipse

（1）从 MySQL 的官方网站 http://dev.mysql.com/downloads/connector/j/ 下载 MySQL 的 JDBC 驱动，解压缩为.jar 文件。

（2）在 javalab 项目上单击右键，单击"Build Path→Add External Archives"，选择下载后解压缩的.jar 文件。

实验 3 访问 MySQL 数据库

> **实验目的**

掌握通过 JDBC 访问数据库的步骤和语法。

> **实验内容**

（1）编写 java 程序，实现对 MySQL 数据库的简单查询。

（2）编写 java 程序，实现对 MySQL 数据库的更新。

> **课时要求**

1 课时

> **实验要求**

（1）编写类 DBSelect，在 main 中创建与 MySQL 的 test 数据库的连接，输出表 score 中的数据。

（2）编写类 DBInsert，在 main 中创建与 MySQL 的 test 数据库的连接，在表 score 中插入一条记录。通过 MySQL-Front 查看结果。

> **实验步骤**

步骤 1 连接数据库，查询数据

（1）在 JavaLab 项目上创建新类 DBSelect，在 main 方法中加载 JDBC 驱动程序，创建与 MySQL 的 test 数据库的连接，创建语句对象，执行查询语句并输出结果集。见代码 10-4。

代码 10-4 DBSelect.java

```java
package edu.uibe.java.lab10;
import java.sql.*;

public class DBSelect {
    public static void main(String[] args) {
        Connection conn = null;  //数据库连接
        Statement stmt = null;   //SQL 语句
        ResultSet rs = null;     //结果集

        try {
//1.加载驱动程序
            Class.forName("com.mysql.jdbc.Driver");
            //2.给出连接字符串
            String connectionString = "jdbc:mysql://127.0.0.1/mydb ";
```

```java
        //3.建立连接
        conn = DriverManager.getConnection(connectionString,"myuser","mypass");
        //4.创建语句对象
        stmt = conn.createStatement();
        //5.给出 select 语句
        String sqlStatement = "select * from score order by id";
        //6.执行查询,返回结果集
        rs = stmt.executeQuery(sqlStatement);
        //7.遍历结果集,显示查询结果
        while(rs.next()){
            int id = rs.getInt("id");
            String name = rs.getString("name");
            float score = rs.getFloat("score");
            System.out.println(id+"\t"+name+"\t"+score);
        }
        //8.关闭结果集、语句、连接
        rs.close();
        stmt.close();
        conn.close();
    } catch (ClassNotFoundException e) {
        e.printStackTrace();
    } catch (SQLException sqle){
        sqle.printStackTrace();
    } finally{
        try{rs.close();}catch(Exception ignore){}
        try{stmt.close();}catch(Exception ignore){}
        try{conn.close();}catch(Exception ignore){}
    }
  }
}
```

（2）编译运行 DBSelect.java 程序代码,观察运行结果。

步骤 2　更新数据库

（1）在 JavaLab 项目上创建新类 DBInsert,在 main 方法中加载 JDBC 驱动程序,创建与 MySQL 的 test 数据库的连接,创建语句对象,执行插入语句。见代码 10-5。

代码 10-5　DBInsert.java

```java
package edu.uibe.java.lab10;
```

```java
import java.sql.*;

public class DBInsert {
    public static void main(String[] args) {
        Connection conn = null; // 数据库连接
        Statement stmt = null; // SQL 语句

        try {
            // 1.加载驱动程序
            Class.forName("com.mysql.jdbc.Driver");
            // 2.给出连接字符串
            String connectionString = "jdbc:mysql://127.0.0.1/mydb ";

            // 3.建立连接
            conn = DriverManager.getConnection(connectionString, "myuser",
                    "mypass");
            // 4.创建语句对象
            stmt = conn.createStatement();
            // 5.给出 insert 语句
            String sqlStatement = "insert into score(id,name,score) values(9,'冯九',100)";
            // 6.执行
            stmt.execute(sqlStatement);
            System.out.println("成功插入一条记录");
            // 7.关闭语句、连接

            stmt.close();
            conn.close();

        } catch (ClassNotFoundException e) {
            e.printStackTrace();
        } catch (SQLException sqle) {
            sqle.printStackTrace();
        } finally {
            try {stmt.close();} catch (Exception ignore) {}
            try {conn.close();} catch (Exception ignore) {}
        }
    }
}
```

（2）编译运行 DBInsert.java 程序代码，观察运行结果。

（3）打开 MySql-Front，查看 test 的 score 表中的数据，确认数据库的更新结果。

10.3 小　　结

本章共提供了 3 个实验，通过这些实验的练习，学生能够学习使用套接字实现简单通信的服务器和客户端，掌握配额制 Eclipse 数据库访问环境，掌握访问数据库的基本方法。

参 考 文 献

[1] Oracle 公司官方网站：http://www.oracle.com/technetwork/java/.
[2] Eclipse 官方网站：http://www.eclipse.org/downloads/.
[3] 雷擎，伊凡. Java 与面向对象程序设计. 北京：对外经济贸易大学出版社，2010.2.
[4] （美）埃克尔. Java 编程思想. 北京：机械工业出版社，2007.4.
[5] 郑莉. java 语言程序设计. 北京：清华大学出版社，2007.1.
[6] 杨进才. C++语言程序设计教程习题解答与实验指导. 北京：清华大学出版社，2010.5.
[7] 邓飞，李倩. C++程序设计题解与实验指导. 北京：中国人民大学出版社，2009.4.
[8] 王薇. Java 程序设计上机实训与习题解析. 北京：清华大学出版社，2011.4.
[9] JavaTM Platform Standard Edition 7 API 规范. Sun Microsystems, Inc.
[10] 51CTO 技术论坛：http://bbs.51cto.com/forum-133-1.html.
[11] 中文 Java 技术网：http://www.cn-java.com/www1/.
[12] JAVA 中文世界论坛：http://bbs.chinajavaworld.com/index.jspa.
[13] 中国 IT 实验室：http://bbs.chinaitlab.com/forum-201-1.html.
[14] CSDN 论坛：http://community.csdn.net/.
[15] MySQL 官方网站：http://www.mysql.com/downloads/mysql/.